上海市交通运输行业协会团体标准

上海市域铁路地下管线及障碍物
调查探测规范

Code for Survey and Detection of Underground Pipeline and Barrier in
Shanghai Suburban Railway

T/SHJX 060—2024

主编单位：上海市政工程设计研究总院(集团)有限公司
批准部门：上海市交通运输行业协会
施行日期：2024 年 4 月 1 日

U0363683

同济大学出版社

2024 上海

图书在版编目(CIP)数据

上海市域铁路地下管线及障碍物调查探测规范 / 上海市政工程设计研究总院(集团)有限公司主编. -- 上海：同济大学出版社，2024.12. -- ISBN 978-7 -5765-1428-5

Ⅰ. TU990.3-65

中国国家版本馆 CIP 数据核字第 20248QM396 号

上海市域铁路地下管线及障碍物调查探测规范

上海市政工程设计研究总院(集团)有限公司　主编

责任编辑	朱　勇	
责任校对	徐春莲	
封面设计	陈益平	
出版发行	同济大学出版社　　www. tongjipress. com. cn	
	(地址:上海市四平路 1239 号　邮编:200092　电话:021－65985622)	
经　　销	全国各地新华书店	
印　　刷	浦江求真印务有限公司	
开　　本	889mm×1194mm　1/32	
印　　张	3.625	
字　　数	91 000	
版　　次	2024 年 12 月第 1 版	
印　　次	2024 年 12 月第 1 次印刷	
书　　号	ISBN 978-7-5765-1428-5	
定　　价	50.00 元	

上海市交通运输行业协会

沪交协(2024)第 10 号

<hr>

上海市交通运输行业协会关于发布
《上海市域铁路地下管线及障碍物调查探测规范》
团体标准的通知

经上海市交通运输行业协会第八届第二十一次秘书长办公会议研究与审核,同意《上海市域铁路地下管线及障碍物调查探测规范》团体标准予以发布。

团体标准发布编号为:T/SHJX 060—2024。

特此通知。

上海市交通运输行业协会

2024 年 1 月 9 日

前　言

为满足上海市域铁路建设和发展的需求,指导上海市域铁路地下管线及障碍物调查探测工作,根据上海市交通运输行业协会市域铁路分会《关于发布〈2021 年上海市域铁路规范标准编写计划〉的通知》(沪交协域铁(2021)第 2 号)的要求,借鉴上海和其他省份地下管线及障碍物调查探测经验,并参考国家、铁路行业和上海等相关规范,在广泛调查研究和征求意见的基础上,编制了本规范。

本规范主要内容包括:总则;术语和符号;基本规定;技术准备;地下管线及障碍物调查;地下管线及障碍物探测;地下管线及障碍物专项探测;探测点测量;资料整理与报告编制;附录 A—L。

本规范由上海市交通运输行业协会负责管理,由上海市政工程设计研究总院(集团)有限公司负责技术内容的解释。各单位及相关人员在本规范执行过程中,如有意见或建议,请反馈至上海市政工程设计研究总院(集团)有限公司(地址:上海市中山北二路 901 号;邮编:200092),以供今后修订时参考。

本规范首批执行单位:上海市政工程设计研究总院(集团)有限公司、上海申铁投资有限公司、中铁第四勘察设计院集团有限公司、上海市城市建设设计研究总院(集团)有限公司、上海市隧道工程轨道交通设计研究院、上海新地海洋工程技术有限公司、上海京海工程技术有限公司、上海山南勘测设计有限公司、上海通德工程勘察设计有限公司。

授权委托单位:上海市交通运输行业协会市域铁路分会

主　编　单　位:上海市政工程设计研究总院(集团)有限公司

参 编 单 位:上海申铁投资有限公司
中铁第四勘察设计院集团有限公司
上海市城市建设设计研究总院(集团)有限公司
上海市隧道工程轨道交通设计研究院
上海新地海洋工程技术有限公司
上海京海工程技术有限公司
上海山南勘测设计有限公司
上海通德工程勘察设计有限公司

主要起草人:王德刚　丁肇伟　周黎月　杜　峰
（以下按姓氏笔画排列）
王万忠　王晓伟　史　伟　刘建军　刘铁华
许素文　孙双簴　李　蕾　李奇默　杨　明
肖庆疆　位　伟　言利帮　张　旭　张鸿飞
林杰豹　周　奕　赵　丹　胡立明　费　翔
陶　建　曹　晖　曹建军　程晓龙

主要审查人:陈茂华　顾国荣　蒋建良　徐张建　徐杨青
王笃礼　李　涛　陈　义　罗传根　陈　军
卢礼顺　刘　健　杨建刚　赵永辉　康　明
孙仕林　肖玉兰

目　次

1 总　则

1.0.1　为规范统一本市市域铁路地下管线及障碍物调查探测工作,保证成果质量,预防工程实施过程中的地下管线、障碍物安全风险,特制定本规范。

1.0.2　本规范适用于本市市域铁路规划、勘察、设计和施工中的地下管线、地下障碍物的调查探测工作。

1.0.3　本市市域铁路地下管线及障碍物调查探测工作应根据探测目的、现场条件,选用合适的地球物理探测方法与技术,结合相关资料综合分析,并应重视探测成果的综合验证和探测效果的回访。

1.0.4　在本市市域铁路地下管线及障碍物调查探测过程中,应积极推广成熟的经验,鼓励新技术、新工艺、新方法和新设备的使用,且应满足本规范的精度要求。

1.0.5　本市市域铁路地下管线及障碍物调查探测除应符合本规范外,尚应符合国家、行业和本市现行有关标准的规定。

2 术语和符号

2.1 术　语

2.1.1 市域铁路　suburban railway

中心城区联结周边城镇组团及城镇组团之间的快速度、大运量、公交化的轨道交通系统。

2.1.2 地下管线　underground pipeline

埋设于地下的电力、通信、给水、排水、燃气、热力、工业、其他管线及其附属设施的统称。

2.1.3 地下障碍物　underground barrier

分布于市域铁路沿线，影响市域铁路区间线路穿越或车站建设的建筑物基础、人防、隧道、箱涵、顶管工作井、综合管廊、桥梁基础、塔架基础、驳岸基础、码头基础及其他障碍物等人工活动形成的地下埋藏物的统称。

2.1.4 地下管线调查　underground pipeline survey

通过资料收集、现场调绘调查、走访获取地下管线明显管线点的位置、埋深及其有关属性信息。

2.1.5 地下管线探测　underground pipeline detecting

通过仪器探查，获取地下管线走向、空间位置及其有关属性信息，编绘地下管线图、建立地下管线数据库的过程，包括地下管线探测、测量、数据处理、管线图编绘和数据库建立等。

2.1.6 地下障碍物调查　underground barrier survey

通过资料收集、现场调查、走访获取地下障碍物位置、埋深及其有关属性信息，为地下障碍物探测准备已知条件的工作。

2.1.7 地下障碍物探测 underground barrier detecting

通过仪器探查，获取地下障碍物空间位置及其有关属性信息，编绘地下障碍物成果图，评估地下障碍物对工程建设可能的影响的过程。

2.1.8 管线点 survey point of underground pipeline

地下管线探测过程中，为准确描述地下管线的走向特征和附属物、建(构)筑物信息而设立的管线探测点。管线点分为明显管线点和隐蔽管线点，包括管线线路上的特征点，管线附属物、建(构)筑物的几何中心点及根据需要在管线路由上布设的其他测点。

2.1.9 综合管廊 underground pipeline gallery

将设置在地下的各类公用管线集中容纳于一体的隧道结构。

2.1.10 专项探测 special geophysical exploration

为满足建设工程项目规划、设计、施工等不同阶段的需求，在常规探测的基础上，对常规探测手段无法探明或可靠性存疑或需要进一步提高探测精度的目标进行专题研究，通过加大探测工作量，采用精度更高的探测方法或综合探测方法进行详细探测的过程。

2.1.11 信标示踪法 beacon tracing method

将示踪探头放入管道，通过地表接受探头信号确定探头的平面位置及埋深，通过移动探头获取移动轨迹的一种探测方法。

2.1.12 惯性陀螺仪法 inertial gyroscope method

利用高速旋转的陀螺惯性特性对管道的距离和方位角进行实时测量，从而快速精确地得到被测管道的空间三维坐标信息的一种测量方法。

2.1.13 井中磁梯度法 borehole magnetic gradient method

利用探测对象的磁性特征，在钻孔中探测对象的磁异常分布特征，进而确定探测对象平面位置及埋深的一种探测方法。

2.1.14 微动探测法 microtremor detection method

利用拾震器在地表接收各个方向的来波，通过空间自相关法提取其瑞雷面波频散曲线,经反演获取 S 波速度结构的地球物理探测方法。

2.1.15 水域物探方法 water area geophysical prospecting method

解决水域工程问题的相关地球物理方法,如声呐法、浅地层剖面法、水域磁法等物探方法。

2.2 符　号

m_{ts}——隐蔽管线点平面位置探查中误差;

δ_{ts}——隐蔽管线点质量检查平面位置限差;

δ_{th}——隐蔽管线点质量检查埋深限差;

m_{td}——明显管线点埋深探查中误差;

m_{cs}——管线点平面位置测量中误差;

m_{ch}——管线点高程测量中误差;

Z_a——磁场垂直分量;

H_a——磁场水平分量;

M_s——磁场有效磁矩;

i_s——磁场有效磁化倾角;

H——瞬变电磁法探测深度;

M——瞬变电磁法回线装置匝数;

L——瞬变电磁法发射回线边长;

I——瞬变电磁法发射电流;

ρ_1——瞬变电磁法上覆地层电阻率;

η——瞬变电磁法最小可分辨电平;

R_m——瞬变电磁法最低限度的信噪比;

N——瞬变电磁法噪声电平。

3 基本规定

3.1 地下管线类别名称与代号

3.1.1 地下管线分为电力、通信、给水、排水、燃气、热力、工业及其他等,具体类别名称与代号应按本规范附录 A 执行。

3.1.2 地下管线探测时需查明的属性项目,应符合表 3.1.2 的规定。

表 3.1.2 地下管线探测需查明的属性项目

管线类别		埋深		断面		根(孔)	材质	附属物	偏距	载体特征			权属单位
		内底	外顶	管径	宽×高					压力	流向	电压	
电力	管块	—	★	—	☆	★	☆	★	★	—	—	☆	☆
	沟道	★	—	—	★	★	☆	★	★	—	—	☆	☆
	直埋	—	★	—	—	★	☆	★	★	—	—	☆	☆
通信	管块	—	★	—	☆	★	☆	★	★	—	—	—	☆
	沟道	★	—	—	★	★	☆	★	★	—	—	—	☆
	直埋	—	★	—	—	★	☆	★	★	—	—	—	☆
给水		—	★	★	—	—	☆	★	★	—	—	—	☆
排水	管道	★	—	★	—	—	☆	★	★	—	☆	—	☆
	沟道	★	—	—	★	—	☆	★	★	—	☆	—	☆
燃气		—	★	★	—	—	☆	★	★	☆	—	—	☆
热力		—	★	★	—	—	☆	★	★	☆	—	—	☆
工业	压力	—	★	★	—	—	☆	★	★	☆	—	—	☆
	自流	★	—	★	—	—	☆	★	★	—	☆	—	☆
	沟道	★	—	—	★	—	☆	★	★	—	☆	—	☆

续表3.1.2

管线类别		埋深		断面		根(孔)	材质	附属物	偏距	载体特征			权属单位
		内底	外顶	管径	宽×高					压力	流向	电压	
其他	特殊管线	—	★	★	—	—	☆	★	★	—	—	—	☆
	合杆	—	★	—	★	★	☆	★	★	—	—	—	☆
	综合管廊	—	★	★	★	—	☆	★	★	—	—	—	☆

注:"★"表示地下管线探测应查明的项目;"☆"表示地下管线探测宜查明的项目。

3.2 测量基准

3.2.1 地下管线及障碍物调查探测工作的测量基准,应采用上海 2000 坐标系、吴淞高程基准;采用其他坐标系和高程基准时,应与上述系统建立联系和转换关系。

3.2.2 地下管线标准图幅设计应与线路走向协调一致,比例尺应根据实际情况或要求确定;地下障碍物标准图幅应根据探测区域的大小及障碍物的分布等确定图幅大小及比例尺。

3.3 技术要求

3.3.1 地下管线及障碍物调查探测工作内容应包含技术准备、资料调查、现场探测、专项探测、成果测量、数据处理及数据库的建立、成果图编绘、报告编写和成果检查验收。

3.3.2 地下管线及障碍物调查探测工作应遵守从已知到未知、从简单到复杂的原则,坚持调查在前、探测在后,充分收集、分析、利用已有资料。

3.3.3 地下管线调查和探测对象应为调查探测范围内各类地下管线,包括但不限于电力、通信、给水、排水、燃气、热力、工业及其他等管线。

3.3.4 地下管线探测时,应查明地下管线的平面位置、走向、埋深(高程)、规格、性质、材质等,并编绘地下管线图。

3.3.5 地下障碍物调查和探测对象应为调查探测范围内可能影响设计、施工的建筑物基础、人防、隧道、箱涵、顶管工作井、综合管廊、桥梁基础、塔架基础、驳岸基础、码头基础及其他障碍物等。

3.3.6 应根据测区实际条件和目标具体属性有针对性地选择探测方法,专项探测应优先选用经验证有效的成熟探测方法。

3.3.7 地下管线及地下障碍物专项探测应在常规探测的基础上,通过加密探测点距、线距或增加探测孔数,用特定的高精度探测方法或综合探测方法进行探测,进一步查明目标空间分布或提高探测精度。

3.3.8 对关键目标应采用 2 种以上的方法综合探测,以互相对比、印证。有条件的区域,宜采用开挖、钻探、孔内摄像等直接手段验证探测结果。

3.3.9 地下管线及障碍物调查探测成果应按委托要求的周期或在施工前进行更新。更新主要采用补充调查探测的形式,及时编制补充调查探测报告及成果图,新增管线和障碍物应特别标识。

3.4 精度要求

3.4.1 地下管线探测精度应符合下列要求:

    1 隐蔽管线点探测限差

    平面位置限差:$0.10h$;

    埋深限差:$0.15h$。

    注:h 为管线中心埋深(mm),当 $h < 1\ 000$ mm 时则以 $1\ 000$ mm 代入计算。

    2 明显管线点埋深量测限差为 50 mm。

3.4.2 地下障碍物探测精度应符合下列要求:

    平面位置限差:200 mm;

埋深限差：$0.05h$（h 为障碍物实际埋深）。

3.4.3 探测点的测量精度应符合下列要求：

1 探测点的平面位置测量中误差 m_{cs} 绝对值不应大于 50 mm（相对于该探测点起算点）。

2 探测点的高程测量中误差 m_{ch} 绝对值不应大于 30 mm（相对于该探测点起算点）。

3.4.4 专项探测精度应符合下列要求：

专项探测精度应根据具体场地条件、目标性质和采用的探测方法综合确定，精度不低于委托要求。

3.5 调查探测范围

3.5.1 地下管线调查探测范围应符合下列规定：

1 包括但不限于全线车站、区间、停车场、车辆段、变电站、出入场（段）线影响区域。

2 区间调查探测宽度为线路结构外轮廓线外 30 m。

3 车站调查探测宽度为设计外轮廓线外 30 m。

4 停车场、车辆段调查探测宽度为用地红线外 30 m。

5 道路交叉路口调查探测至路口中心向两侧各延伸 100 m。

6 调查探测范围内管线边界点应延伸至明显管线点。

7 对于设计有特殊要求的节点，范围可适当扩大。

3.5.2 地下障碍物调查探测范围应符合下列规定：

1 车站、区间（包括地面、高架及地下明挖、暗挖、盾构等各结构类型的区间）及出入场（段）线调查探测宽度为结构外轮廓线外 30 m 范围内。

2 停车场、车辆段、变电站为用地红线外 30 m 范围内。

3 对于特殊节点、风险性较大、重要性较高的障碍物，范围可适当扩大。

3.6 作业流程和质量安全要求

3.6.1 作业流程应按下列步骤进行：

    1 资料调绘。

    2 现场踏勘。

    3 探测仪器校验。

    4 探测方法试验。

    5 探测方案编制。

    6 地下管线及障碍物调查探测、专项探测。

    7 探测成果测量。

    8 质量检查。

    9 成果编制。

3.6.2 质量安全应满足下列要求：

    1 地下管线探测应实行二级检查、一级验收制度。

    2 地下管线及障碍物调查探测工作的质量和安全保护应按现行行业标准《城市地下管线探测技术规程》CJJ 61、《城市工程地球物理探测标准》CJJ/T 7 及现行上海市工程建设规范《工程物探技术标准》DG/TJ 08—2271 执行。

3.6.3 地下管线及障碍物专项探测除满足本规范第 3.6.1 条的作业流程外，还应在常规探测的基础上，根据委托要求编制专项探测方案，并经委托方批准或确认后实施。

4 技术准备

4.1 一般规定

4.1.1 本市市域铁路地下管线及障碍物探测应根据建设阶段、探测任务具体要求进行技术准备。

4.1.2 探测工作实施前应对设计线位进行全线踏勘，初步拟定针对性的探测方法与技术路线；对设计线位范围内的地形图及已有地下管线、地下障碍物资料进行资料收集、分类，整理相关成果。

4.1.3 探测工作应根据实际情况对拟定方法有效性进行现场试验，确定符合项目精度要求的探测方法技术和拟采用的探测仪器。

4.1.4 探测技术方案应在资料调绘、现场踏勘、探测方法试验、探测仪器校验的基础上编制。

4.1.5 探测工作应根据项目需要和目标特性，因地制宜，关键节点、关键目标应采用综合物探手段互相对比、印证。

4.2 地下管线现状调绘

4.2.1 地下管线现状调绘应包括下列内容：

    1 收集已有地下管线资料。

    2 分类、整理所收集的地下管线资料。

    3 编绘地下管线现状调绘图。

4.2.2 地下管线收集资料宜包括下列内容：

    1 地下管线设计图、竣工图、栓点图、示意图、竣工测量成果、普查成果等。

2 技术说明资料及成果表。

3 已有地形图。

4 市政工程规划审批资料。

5 测区已有的平面和高程控制点资料。

4.2.3 地下管线现状调绘图编绘应符合下列规定：

1 地下管线现状调绘图宜根据管线竣工图、竣工测量成果或周边工程探测成果编绘；无竣工图、竣工测量成果或周边工程探测成果时，可根据搜集的其他资料，按管线与邻近的建（构）筑物、明显地物点、现有路边线的相互关系编绘；地下管线现状调绘图上应注明管线资料来源。

2 宜将管线位置、连接关系、管线附属物或建（构）筑物、规格、材质、电（光）缆根（孔）数、压力（电压）等管线属性数据转绘到现有比例尺地形图上，编绘成地下管线现状调绘图。绘图图式参见本规范附录 C。

4.3　地下障碍物调查目标圈定

4.3.1 地下障碍物调查目标应根据下列资料圈定：

1 设计方案和最新带状地形图。

2 历年地形图和航空影像图。

3 相关市政工程规划审批资料。

4 大型地下设施管理信息和收集资料。

5 测区范围内道路和建筑物新建、改建、扩建及已拆除的资料。

4.3.2 对圈定后的地下障碍物目标宜按顺序编号。

4.4　现场踏勘

4.4.1 现场踏勘应包括下列内容：

1 核查收集资料的完整性、可信度和可利用程度。

2 核查调绘图上明显管线点与实地的一致性。

3 核查控制点的位置和保存状况，并检核其精度。

4 核查地形图的现势性。

5 查看测区地形、地貌、交通、环境及地下管线、障碍物分布情况，调查现场地球物理条件和各种可能的干扰因素，以及探测中可能存在的安全隐患。

4.4.2 现场踏勘应形成记录，并应符合下列要求：

1 应标明地下管线现况调绘图上与实地不符的管线点。

2 应记录控制点保存情况和点位变化情况。

3 地形与现状不符时，应做书面记录。

4 应拟定探测方法试验场地。

5 对地下管线及障碍物权属单位进行排查。

4.5 探测仪器校验

4.5.1 探测仪器设备及其附件应满足性能稳定、结构牢靠、防潮、抗震和绝缘性能良好的要求，并定期进行检查和保养。

4.5.2 探测设备在投入使用前应进行校验，仪器校验包括单台仪器的稳定性校验和精度校验及同类多台仪器的一致性校验，同类多台探测仪器的一致性校验应采用多台仪器对同一已知位置的地下管线或障碍物进行对比探测，多台仪器对比探测的定位及定深结果相对误差不应大于 5%。

4.5.3 探测仪器的稳定性校验应采用相同的工作参数对同一已知位置的地下管线或地下障碍物进行 2 次及以上重复探测，重复探测的定位及定深结果相对误差不应大于 5%。

4.5.4 管线仪校验应符合下列规定：

1 在一条已知管线上，选择一种信号施加方式，采用不同的工作频率、发射功率和收发距探测地下管线的平面位置和埋深。

2 测量探测的平面位置与地下管线实际平面位置间的差值,计算探测的深度与地下管线实际深度间的差值,结果应如实记录。

3 变换地下管线探测仪,重新进行上述工作,直至所有投入使用的地下管线探测仪均进行校验。

4.5.5 其他探测仪器校验应符合现行行业标准《城市地下管线探测技术规程》CJJ 61 和《城市工程地球物理探测标准》CJJ/T 7 的规定。

4.5.6 探测仪器的精度校验宜在周边环境相对简单,且地下管线或障碍物位置已知段进行,通过探测结果与实际对比评价其定位和定深精度。定位、定深精度应符合本规范第 3.4.1~3.4.4 条的规定。

4.5.7 经校验不符合要求的各类探测仪器不得投入使用。对分批投入使用的各种探测仪器,使用前均应按本规范第 4.5.2~4.5.5 条的规定进行校验。

4.6 探测方法试验

4.6.1 探测方法试验应在地下管线及障碍物探测前进行。

4.6.2 探测方法试验可与探测仪器校验同时进行,并应符合下列规定:

1 试验场地和试验条件应具有代表性和针对性。

2 试验在测区范围内的已知地下管线、地下障碍物或地下管线、地下障碍物分布简单的地段进行。

3 试验针对不同类型、不同埋深的地下管线及障碍物和不同地球物理条件分别进行。

4 对拟投入使用的不同类型、不同型号的探测仪器均进行试验。

4.6.3 探测方法试验结束后,应对试验结果进行验证和校核,评价、确定有效的探测方法和技术参数。

4.7　调查探测方案编制

4.7.1　调查探测方案应包括下列内容：

　　1　工程概述，主要说明任务的来源、目的、任务量、作业范围和作业内容及完成期限等任务基本情况。

　　2　测区概况，说明工作环境条件及地球物理条件等情况。

　　3　已有资料及可利用情况。

　　4　执行的标准、规程、规范或其他技术文件。

　　5　方法有效性分析及作业方法与技术措施要求。

　　6　调查探测方案。

　　7　施工组织与进度计划。

　　8　质量、安全保证措施和保密措施。

　　9　拟提交的成果资料。

　　10　有关的图表及需要进一步说明的技术要求。

4.7.2　调查探测方案应经过评审后实施。

5 地下管线及障碍物调查

5.1 一般规定

5.1.1 地下管线调查应以实地调查为主,在地下管线现状调绘图所标示的各类地下管线位置、埋深及属性信息的基础上,对明显管线点的相关属性进行实地详细调查、量测和记录。

5.1.2 地下管线调查应在现场记录调查结果,记录可分为纸质方式和电子方式。记录项目应填写齐全、正确、清晰,不得随意更改。

5.1.3 通过明显管线点不能直接查明的属性信息,应采取权属单位交底的方式予以查明。通过以上方式仍无法查明的,应在调查记录上注明原因,编入成果报告。

5.1.4 地下障碍物调查应以收集资料为主,收集与调查目标有关的规划、设计、施工、竣工等资料,无资料障碍物应通过现场走访收集信息。

5.1.5 地下障碍物调查目标应实地测量平面位置,对地形图与现状不符的,应在地形图上予以更正。

5.2 地下管线调查

5.2.1 对地下管线特征点、附属物及建(构)筑物等明显管线点应做详细调查、量测和记录。

5.2.2 实地调查时,应查明地下管线以下内容:

    1 排水管道应查明流向。

    2 燃气管道按压力大小分为低压、中压和高压。

3 工业管道按其所传输的介质性质进行分类。

4 电力电缆按其功能分为供电、路灯等。

5 通信按其权属分为电信、广电、信息、监控、专线、电通及其他通信等。

5.2.3 在窨井(包括检查井、闸门井、阀门井、仪表井、人孔和手孔等)上设置明显管线点时,管线点的位置应设在井盖的中心。当地下管线中心线的地面投影偏离井盖中心的偏距大于 200 mm 时应分别定点。

5.2.4 地下管道(沟)规格量取应符合下列规定:

1 排水等自流圆形管道断面应量测其内径。

2 非排水等圆形管道断面应量测其外径。

3 沟道、综合管廊应量测矩形断面内壁的宽和高。

4 计量单位均用毫米(mm)。

5.2.5 通信、电缆管组及供电电缆应调查总孔数、已用孔数和电缆根数。

5.2.6 非标准、不规则的电力、通信管组(塑料、多个管块组合不均匀等)断面尺寸应为最外部包络尺寸,用"宽×高"表示。

5.2.7 地下管道应查明其材质;在明显管线上,应查明地下管线附属设施的类别。

5.2.8 有一个以上入口(一井多盖),或有一边长大于 2 m 时,应实测窨井的内轮廓线,在管线辅助层用规定的虚线画出窨井的内轮廓线。

5.2.9 测区内缺乏明显管线点或已有管线点尚不能查明实地调查中必须查明的项目时,应查阅管线权属单位资料,必要时可采取开挖手段。

5.2.10 地下综合管廊宜包括管廊的结构形式、断面尺寸、顶(底)板埋深(标高)、围(支)护结构形式、变形缝设置情况等内容。

5.2.11 非开挖电力、通信管线拖拉管应全面调查所有管束的施工情况。

5.2.12 地下管线三维信息调查宜增加下列调查内容：

   1 井盖的形状、尺寸和材质。

   2 井脖基底的形状、尺寸和埋深，井脖材质。

   3 井底的形状、尺寸和埋深，井材质。

   4 井室的形状、尺寸、材质、内顶埋深和内底埋深。

   5 管线（沟）在小室中的位置。

   6 管廊中各管线（沟）在变化处的断面，并依据该断面计算管线点的平面位置和高程。

   7 管块中管孔的大小、排列、占用情况。

   8 管材的厚度及管廊的壁厚。

5.2.13 地下管线三维信息调查宜采集附属物及建（构）筑物的三维空间信息。

5.3 地下障碍物调查

5.3.1 地下障碍物调查资料应来源于城建档案馆、权属单位和规划、勘察、设计、施工、监理等单位。

5.3.2 相关知情人员对地下障碍物的描述应记入调查笔记，对工程影响较大的障碍物应根据工程需要提前启动探测或专项探测工作。

5.3.3 地下障碍物的调查要素应根据工点性质、障碍物分布、调查要求等因素综合确定。特别注意工程投影线范围内地下障碍物属性及空间分布信息的获取。通过资料调查需要查明的各类典型地下障碍物要素应不低于表5.3.3的要求。

表5.3.3 各类典型地下障碍物调查需查明的要素

障碍物种类	调查要素
建筑物基础	建筑物基础类型、层数、材质、尺寸、空间分布。对桩基础，查明桩型、桩径、关键桩位的平面坐标、桩底标高等。对于存在围护结构的，查明围护结构类型、材质、配筋、尺寸及顶、底标高

续表5.3.3

障碍物种类	调查要素
人防	人防及其基础类型、材质、尺寸、埋深、平面位置和顶、底高等。对于存在围护结构的,查明围护结构类型、材质、配筋、尺寸及顶、底标高
隧道	隧道用途、施工方式,结构形式、结构厚度、材质、尺寸,平面位置、隧道外顶及外底标高、基础类型、底高等。对于存在围护结构的,查明围护结构类型、材质、配筋、尺寸及顶、底标高
箱涵	箱涵用途、施工方式,结构形式、结构厚度、材质、尺寸,平面位置、箱涵外顶及外底标高、基础类型、底高等。对于存在围护结构的,查明围护结构类型、材质、配筋、尺寸及顶、底标高
顶管工作井	工作井类型、材质、尺寸、空间分布。对于存在围护结构的,查明围护结构类型、材质、配筋、尺寸及顶、底标高
综合管廊	管廊用途、施工方式,结构形式、结构厚度、材质、尺寸、平面位置、管廊外顶及外底标高、基础类型、底高等。对于存在围护结构的,查明围护结构类型、材质、配筋、尺寸及顶、底标高
桥梁基础	桥梁基础类型、材质、尺寸、空间分布。对桩基础,查明桩型、桩径、配筋、关键桩位的平面坐标、桩底标高等
塔架基础	各类架空线塔、发射塔、门式墩架、广告牌的基础类型、材质、尺寸、空间分布。对桩基础,查明桩型、桩径、配筋、关键桩位的平面坐标、桩底标高等
驳岸基础	驳岸基础类型、材质、尺寸、空间分布。对桩基础,查明桩型、桩径、配筋、关键桩位的平面坐标、桩底标高等
码头基础	码头基础类型、材质、尺寸、空间分布。对桩基础,查明桩型、桩径、关键桩位的平面坐标、桩底标高等
其他障碍物	障碍物的性质、埋深(顶、底标高)、平面分布(隐蔽地下障碍物的大概位置应由设计方或施工方指定)

5.3.4 障碍物调查宜按设计阶段分步开展,不同阶段调查内容应满足委托方和相应阶段设计要求。

5.3.5 调查成果及相关资料应真实、准确、完整,满足业主、设计的需要,并指导后续验证性探测或专项探测工作。

5.3.6 对影响工程施工安全的关键地下障碍物,应根据调查结果,实施验证性探测或根据工程需要进行专项探测。

6 地下管线及障碍物探测

6.1 一般规定

6.1.1 地下管线及障碍物探测应在调查的基础上,采用地球物理方法查明地下管线及障碍物的空间分布。

6.1.2 地球物理探查应具备下列条件:

    1 探测目标与其周围介质之间有明显的物性差异。

    2 探测目标所产生的异常场有足够的强度,或可从干扰场和背景场中清楚地分辨出来。

    3 经探查方法试验证明其有效,探查精度应符合本规范第3.4.1、3.4.2、3.4.4条的规定。

6.1.3 地球物理探查工作应符合下列规定:

    1 从已知到未知,从简单到复杂。

    2 方法有效、快捷。

    3 探测条件复杂时,宜采用综合探查方法。

6.1.4 宜根据任务要求、探查对象和地球物理条件,按本规范附录B选用地球物理探查方法。

6.1.5 地下管线探测点应设置在隐蔽的管线转折点、分支点正上方,在无特征点的直线段上也应设置地下管线探测点;当地下管线非直线弯曲时,应以能够反映地下管线走向变化、空间弯曲特征为原则设置管线点。地下障碍物探测点应根据障碍物性质、与拟建工程相对位置、探测方法综合设置。

6.1.6 探测点应设置地面标志,并在点位附近注明探测点编号。探测点编号应采用"地下管线类别代号或障碍物编号+探测点顺序号"形式,并应保持其同一测区内的唯一性。不便设置地面标志的探测点,应记录其与邻近固定地物的距离和方位,并应绘制位置示意图。

6.1.7 现有的探测技术手段不能查明地下管线及障碍物的空间位置或探测精度达不到设计要求时,宜进行专项探测以及开挖、触探或钎探。

6.1.8 地下管线及障碍物探测应做好原始记录,记录方式可为纸质记录或电子记录。纸质记录应使用墨水钢笔或铅笔填写,电子记录可按规定格式导出记录表。原始记录不得随意更改,确需更改时,应注记原因。

6.1.9 新购置、经过大修或长期停用后重新启用的仪器在使用前,应通过检定,并在探测前实施校验。

6.2 地下管线探测

6.2.1 金属管线的探测应符合下列规定:

1 金属管线探测,宜用电磁感应法、电磁波法、电阻率法、磁法、弹性波法等。

2 当金属管线的管径较大、埋深较浅时,可选择电磁感应法的直接法、感应法,也可选用电磁波法、直流电阻率法、磁法或浅层地震法;当金属管线埋深较深、管径较小时,宜选择大功率低频电磁感应法。

3 电力电缆宜先采用 50 Hz 工频法初步定位,后再用电磁感应法精确定位、定深;当电缆有出露端时,宜采用电磁感应法的夹钳法。通信电缆探测,宜选择主动源电磁感应法、电磁波法等。

4 热力金属管道及高温输油管线等工业管线可采用红外辐射测温法探测等。

5 当在盲区探测金属管线时,宜先采用电磁感应类或电磁波类仪器进行网格或圆形搜索,发现异常后宜采用电磁感应法进行追踪,精确定位、定深。

6.2.2 非金属管线的探测应符合下列规定：

1 有出入口的非金属管线探测，宜采用信标示踪法、管线CCTV法、惯性陀螺仪法、电磁波法等。

2 钢筋混凝土或带金属骨架的管线探测，可采用磁偶极感应法，但需加大发射功率缩短收发距离。

3 管径较大的非金属管，还可根据工作条件采用直流电阻率法或浅层地震法、电磁波法等。

4 水中或水底管线探测宜选用浅层剖面法、弹性波法、磁法、电磁波法等。具体操作方法及要求应符合现行行业标准《城市工程地球物理探测标准》CJJ/T 7 的规定。

6.2.3 采用电磁感应法时，除应符合本规范第 6.1.2 条外，还应符合下列规定：

1 电磁感应法包含管线探测仪、瞬变电磁仪、信标示踪仪等仪器所衍生的方法。

2 采用直接法时，应保持信号施加点处的电性接触良好；接地电极应布设合理，且确保接地条件良好。

3 采用夹钳法时，应确保夹钳套在目标管线出露端上，并应保证夹钳接头形成通路。

4 采用感应法时，应使发射机与目标管线耦合良好。接收机与发射机应保持最佳收发距，当周围存在干扰时，应采取措施减少或排除干扰。

5 采用电磁感应法探测地下管线时，可采用极大值法或极小值法定位。两种方法宜综合应用，应通过对比分析，确定管线的平面位置。

6 目标管线延长应远大于其埋深。

6.2.4 采用电磁波法除应符合本规范第 6.1.2 条外，还应符合下列规定：

1 电磁波法主要为探地雷达仪及其他电磁波类仪器所衍生的方法。

2 采用探地雷达仪时应满足下列要求：

    1） 应根据探测场地地下介质与管线的材质、管径和埋深，选用与之相匹配的中心工作频率和天线，并应通过在已知地下管线上的试验剖面，确定最佳时窗、介电常数和电磁波速度；

    2） 现场应全面、清晰记录工作情况和各种干扰源以及其他不利因素；

    3） 应根据目标管线的材质、规格和探测环境，合理选用工作参数；

    4） 应根据目标管线的埋深和电磁波速度确定采集时窗，确保目标管线反射波组在所设置的时窗内；

    5） 采样率不宜小于天线中心频率的 6 倍，确保波形完整；

    6） 相邻扫描点距应小于介质中电磁波波长的 1/2，且天线应匀速移动，与仪器的扫描率相匹配；

    7） 宜使用具有屏蔽功能的天线或天线阵列。

6.2.5 采用弹性波法应符合下列规定：

    1 弹性波法包含由地震仪、声波仪等仪器所衍生的方法，可选择地震透射波法、折射波法、反射波法、面波法、微动法。

    2 现场工作布置及数据采集、处理与资料解释应符合现行行业标准《城市工程地球物理探测标准》CJJ/T 7 的相关规定。

6.2.6 采用直流电法应符合下列规定：

    1 直流电法包含直流电法仪等仪器所衍生的方法，可选用直流电阻率法、充电法等。

    2 现场应具备良好的电极接地条件，目标管线上方无极高阻屏蔽层。

    3 现场工作布置及数据采集、处理与资料解释应符合现行行业标准《城市工程地球物理探测标准》CJJ/T 7 的相关规定。

6.2.7 采用磁法除应符合本规范第 6.1.2 条外，还应符合下列规定：

1 磁法包含由可完成磁场强度或磁梯度探测的磁测仪所衍生的方法,可根据实地情况选择磁剖面法、磁梯度剖面法、井中磁梯度法等。

2 目标管线应具有铁磁性,且工区周边无强铁磁性干扰体或干扰较小。

3 工作布置及数据采集、处理与解释应符合现行行业标准《城市工程地球物理探测标准》CJJ/T 7 的相关规定。

4 采用井中磁梯度法时应满足下列要求:

1) 钻孔间距应根据管径以及目标管线磁异常影响范围确定,钻孔与管道间距不宜大于 1 m;钻孔深度宜大于目标管线埋深 3 m~5 m。

2) 钻孔宜采用塑料套管护壁,套管接头处应采用无磁性螺丝固定。钻孔应距目标管线从远到近布设,根据上个钻孔探测结果确定下个钻孔位置,避免施钻时损坏管线及其外包层。探测前应在磁场较平静的地区对仪器进行校验消除转向差,同时应按磁探头的实际位置准确标定测绳。

3) 在探孔中应按一定的间隔、顺序测量各点的磁梯度值,测点间隔宜为 0.05 m~0.20 m。同一探孔应进行往返不少于 2 次重复观测,重复观测的数据相对误差超过 10% 时,应检查原因,并重新观测。

4) 探测结束后,应测量每个钻孔孔位坐标以及孔口标高。

5) 处理与解释应统一探测剖面各测点平面坐标及高程起算点,并按相同的比例绘制探孔剖面曲线图;按同一探测剖面的各探孔曲线形态及异常大小,判断该剖面上的目标管线位置和标高;根据多个探测断面的成果分析,确定目标管线的走向、分布和标高。

6.2.8 使用三维轨迹探测法除应符合本规范第 6.1.2 条外,还应符合下列规定:

1 三维轨迹探测法包含由可完成三维定位的仪器所衍生的方法,可选择惯性陀螺仪法、具有三维定位功能的管线机器人法等。

2 探测前应标定仪器的进出口姿态参数、计程装置、信号特征及坐标,并以此为已知点对探测曲线或轨迹坐标进行校正。

3 同一条管线应至少往返各探测 1 次,且往返探查结果应一致。

4 采用惯性陀螺仪时应满足下列要求:

    1)应根据目标管线的管径选择相应的探头及定心装置,使探头移动轨迹与管线中心重合;

    2)可通过探测载体在管线内的姿态参数或特征,计算载体的运动轨迹,构建完整的管线中心线。

6.2.9 使用红外辐射测温法时,目标管线介质应与周围介质间存在明显温度差异,探测要求应符合现行行业标准《城市工程地球物理探测标准》CJJ/T 7 的规定。

6.2.10 复杂条件下的地下管线探测,宜按下列原则选择探测方法:

1 要区分 2 条或 2 条以上平行管线时,宜采用直接法或夹钳法。当采用电磁感应法时,可通过改变发射装置的位置或状态以及发射频率,分析信号异常强度和宽度等变化特征加以区分。

2 在遇到多种管线交叉或并行的情况下,可采用选择性激发或差异性激发对其进行区分。

3 埋深较浅的管线密集区域,可综合采用电磁感应法、探地雷达法等。

4 埋深较大的大口径非开挖管线,可采用弹性波法、直流电阻率法、信标示踪法或井中磁梯度法;有出入口的小口径非开挖管线,可采用信标示踪法。

5 地球物理探查除获取隐蔽管线点的位置和埋深外,管线其他属性信息可根据收集到的地下管线资料推断,或者开挖样洞调查。

6.2.11 水下或水底管线探测宜使用声波法、地震映像法和高精度磁法。现场工作布置及数据采集、处理与资料解释除应符合现行行业标准《城市地下管线探测技术规程》CJJ 61 的相关规定外，还应符合现行国家标准《海洋调查规范 第 8 部分：海洋地质地球物理调查》GB/T 12763.8、《海洋调查规范 第 10 部分：海底地形地貌调查》GB/T 12763.10 的要求，导航精度和数据采集的密度应符合探测任务要求。

6.2.12 管线仪探测时，管线点的定位、定深应符合下列规定：

1 管线定深应先在实地定出定深点的平面位置。

2 直读法定深时，应保持接收机天线垂直，直读结果应根据方法试验的定深修正系数进行深度校正。

3 定深点宜选在靠近目标管线特征点两侧各 3 倍～4 倍管线埋深范围内，且应选在中间无分支及与相邻管线之间距离较大处。

4 采用电磁感应类管线仪进行定深应符合以下规定：

1）宜使用特征点法（ΔH_x 百分比法、H_x 特征点法）、45°法及直接法，探测过程中宜采用多种方法综合应用，同时针对不同情况先进行方法试验，确定合适的定深方法。

2）定深点的位置宜选择在管线点与其邻近被测管线前后各 3 倍～4 倍管线中心埋深范围内，且为单一的直线管线，中间无分支或弯曲，与相邻管线之间的距离较大的地方。

6.2.13 管线连接草图的绘制应符合下列规定：

1 管线探测现场应按管线探测记录所列项目填写清楚，现场编绘管线连接关系草图并交付地下管线测量工序使用。

2 同一条管线在不同页次时至少应有 1 个重复点。

3 有条件的情况下，应优先使用电子草图。

6.2.14 地下管线探测记录表按本规范附录 D 执行。

6.3 地下障碍物探测

6.3.1 市域铁路工程地下障碍物探测应查明各种建(构)筑物基础或桩基的基础类型、材质、尺寸、位置、标高以及桩的性质、关键桩位的平面坐标、桩底标高、承台的平面位置和尺寸等。

6.3.2 障碍物探测方法试验应符合下列要求：

1 根据工作目的、地质及环境条件拟定试验方案，试验成果可作为生产成果的一部分。

2 试验地段宜在有资料的地段实施，且具有代表性。

3 应根据试验目的确定合适的物探方法、仪器设备和技术参数。

6.3.3 障碍物探测的工作布置应符合下列规定：

1 布置测网时，应根据探测工程需要和场地条件等进行，测网密度应保证异常的连续、完整和便于追踪。

2 布设测线时，测线宜呈直线布置，测线方向宜避开地形及其他干扰的影响，应垂直于或大角度相交于探测对象或已知异常的走向；测线长度应保证异常的完整和具有足够的异常背景；在前人工作基础上扩大测区范围时，测区边缘应重复部分测线或测点。

3 测线宜与地质勘探线和其他物探方法的测线一致；探测范围内有已知点时，测线应通过或靠近该已知点布设。

4 测点布设位置、数量应满足技术要求及资料解释的需要。

5 在复杂地区及异常部位，测线应适当加密，并在主要测线之间布置辅助测线。

6.3.4 陆域地下障碍物探测宜采用瞬态瑞雷波法、探地雷达法、地震反射波法、高密度电阻率法、井中磁法、井间层析成像法、微动探测法等方法；水域地下障碍物探测宜采用水域地震法、声呐法、浅地层剖面法、水域磁法、水域高密度电阻率法等方法。具体探测方法选择应满足下列规定：

　　1　瞬态瑞雷波法适用于刚性路面条件下，探测深度 15 m 以内的地下障碍物。

　　2　探地雷达法可用于浅埋地下障碍物探测。

　　3　地震反射波法可用于探测人防等地下目标体以及地下构筑物、地下大口径管道或箱涵等。

　　4　高密度电阻率法可用于探测地下埋藏物调查等。

　　5　井中磁法可用于探测具有铁磁性的地下人工构筑物，如深埋钢筋混凝土结构体。井中磁法可采用三分量测井、垂直分量测井、磁化率测井及磁梯度测井。

　　6　井间层析成像法根据工作条件和探测要求可选择井中电磁波法、井中直流电法、井中地震法、井中超声波法等。可用于通过钻孔、预埋管测定相关物性参数，探测地下障碍物等。

　　7　微动探测法可用于探测人防等地下目标体以及地下构筑物、地下大口径管道或箱涵等。

　　8　声呐法可用于水库、河道、湖泊或浅海区的水下地形、地貌探测，探测坝址、桥基、港口工程以及航道的水下障碍物、水底管线、沉船等。声呐法可采用测深和侧扫声呐两种作业方式。

　　9　浅地层剖面法可用于对水库、河道、湖泊和浅海区的水下障碍物探测。

　　10　水域磁法可用于探测水下管线、沉船、炸弹等铁磁性物体。

6.3.5　地下障碍物探测过程中的测量工作应符合下列规定：

　　1　测量精度应符合相应的行业及地方测绘标准。

　　2　探测工作测线的起讫点、基点、转折点、地形突变点以及其他重要的点位应进行空间位置测量。

　　3　水域探测时，测量成果应根据水位、潮位等的变化进行校正。

　　4　探测工作使用的比例尺，不应小于同阶段、同工程的勘察或设计所使用的比例尺。

6.3.6 物探工作应按照技术方案实施,并与资料调查、钻探验证工作密切配合,完整采集、及时处理探测数据,按任务要求提交成果资料。采用新技术、新方法时,应验证其方法的有效性和成果的可靠性。

6.3.7 探测数据采集应符合下列要求:

1 观测前应进行仪器自检,工作正常后方可进行数据采集。

2 数据采集应在背景相对稳定的时段进行。

3 观测过程中应随时监视采集的数据或曲线,如有异常现象应记录并及时补测。

4 在测线的端点、曲线的突变点和畸变线段,或仪器参数、观测条件改变的情况下,应进行重复观测。

6.3.8 探测的原始记录应完整齐全、数据真实、记录及时;所有原始记录均应整理保存,电子记录应进行备份。

6.3.9 探测方法技术应符合下列规定:

1 建(构)筑物基础探测应根据基础类型、埋深、现场场地条件选择合适的探测方法:

    1)浅基础探测宜选用瞬态瑞雷波法、探地雷达法、地震反射波法、高密度电阻率法等;

    2)深基础探测宜选用井间层析成像法、井中磁法等。

2 人防探测应根据人防材质、规模、埋深、场地条件选择探测方法:

    1)埋深较浅的人防宜选用瞬态瑞雷波法、探地雷达法、地震反射波法、高密度电阻率法等方法进行探测;

    2)埋深较大的人防宜选用井间层析成像法、井中磁法、微动探测等方法进行探测。

3 采用井中磁法探测建(构)筑物或人防基础时,应满足下列规定:

    1)测孔深度宜大于预估探测对象的最大埋深 5 m,并符合

现行上海市工程建设规范《工程物探技术标准》DG/TJ
08—2271 的相关规定；

2）测试钻孔位于松软土体中时，成孔后应下置无磁性的非
金属护管，护管管径应满足磁探头顺利上、下移动的要
求，护管接头处应采用无磁性螺丝固定。

4　采用井间层析成像法探测建（构）筑物或人防基础时，应
满足下列规定：

1）测孔深度宜大于探测对象预估最大埋深 1 倍，井间距不
应大于测孔深度的 1/2，并符合现行上海市工程建设规
范《工程物探技术标准》DG/TJ 08—2271 的相关规定；

2）测孔位于土体中时，成孔后宜下置护壁管，护管管径应
满足仪器探头顺利上、下移动的要求。

5　探测堤岸抛石时，根据抛石的埋深、规模及场地条件，宜
采用瞬态瑞雷波法、瞬变电磁法、探地雷达法、地震反射波法、高
密度电阻率法、浅地层剖面法等方法。

6　必要时，应采取综合探测手段对成果进行核查或验证。

6.3.10　地下障碍物探测记录表按本规范附录 E 执行。

6.3.11　资料处理和解释应符合下列规定：

1　建（构）筑物基础探测数据应结合工程地质条件、基础施
工工艺等资料进行综合分析和解释。

2　当采用多种物探方法对建（构）筑物基础、人防、抛石探测
时，应对各种物探方法的探测结果进行综合分析和解释。

3　资料解释应在分析各项资料的基础上，按照先易后难、点
面结合、定性到定量的原则进行。资料解释的成果描述宜图表结
合，使用相关的专业用语表达。

6.3.12　成果资料应包含下列内容：

1　测线及测孔布置图。

2　典型物探成果图。

3　地下障碍物平面位置及埋深成果图。

6.4 质量检查

6.4.1 地下管线探测的质量检查应符合下列规定：

1 每一个测区各级质量检查必须在明显管线点和隐蔽管线点中分别抽取不少于各自总点数的5%，通过重复调查、探测方法进行质量检查，两级检查比例为3：2。

2 检查取样应分布均匀、随机抽取，应在不同时间、由不同的人员进行。

3 当工程探测总点数少于20个时，应进行全数检验。当质量检查点数的5%少于20个时，应至少检查20个。

4 质量检查应包括管线点的几何精度检查、属性调查结果检查以及管线的漏探、错探检查。

6.4.2 隐蔽管线点应检查地下管线的平面位置和埋深。当质量检查点数不少于20个时，按公式(6.4.2-1)、公式(6.4.2-2)分别计算 m_{ts}、m_{th}。当质量检查点数少于20个时，按公式(6.4.2-3)、公式(6.4.2-4)分别计算 m_{ts}、m_{th}。隐蔽管线点质量检查平面位置限差和埋深限差分别按公式(6.4.2-5)、公式(6.4.2-6)计算。m_{ts} 和 m_{th} 不应大于 $0.5\delta_{ts}$ 和 $0.5\delta_{th}$。

$$m_{ts} = \pm\sqrt{\frac{\sum \Delta s_{ti}^2}{2n_1}} \qquad (6.4.2\text{-}1)$$

$$m_{th} = \pm\sqrt{\frac{\sum \Delta h_{ti}^2}{2n_1}} \qquad (6.4.2\text{-}2)$$

$$m_{ts} = \pm\frac{\sum |\Delta s_{ti}|}{n_1} \qquad (6.4.2\text{-}3)$$

$$m_{th} = \pm\frac{\sum |\Delta h_{ti}|}{n_1} \qquad (6.4.2\text{-}4)$$

$$\delta_{ts} = \frac{0.10}{n_1} \sum_{i=1}^{n_1} h_i \qquad (6.4.2\text{-}5)$$

$$\delta_{th} = \frac{0.15}{n_1} \sum_{i=1}^{n_1} h_i \qquad (6.4.2\text{-}6)$$

式中：m_{ts}——隐蔽管线点平面位置探查中误差（mm）；

Δs_{ti}——隐蔽管线点的平面位置原始探测值与质量检查值
之差（mm）；

n_1——隐蔽管线点检查点数（个）；

m_{th}——隐蔽管线点埋深探查中误差（mm）；

Δh_{ti}——隐蔽管线点的埋深原始探测值与质量检查值之差
（mm）；

δ_{ts}——隐蔽管线点质量检查平面位置限差（mm）；

δ_{th}——隐蔽管线点质量检查埋深限差（mm）；

h_i——各检查点管线中心埋深（mm），当 $h_i < 1\,000$ mm
时，h_i 取 $1\,000$ mm。

6.4.3 明显管线点应检查地下管线的埋深。当质量检查点数不
少于 20 个时，按公式（6.4.3-1）计算 m_{td}；当质量检查点数少于
20 个时，按公式（6.4.3-2）计算 m_{td}。m_{td} 的绝对值应不大于
25 mm。

$$m_{td} = \pm \sqrt{\frac{\sum \Delta d_{ti}^2}{2n_2}} \qquad (6.4.3\text{-}1)$$

$$m_{td} = \pm \frac{\sum |\Delta d_{ti}|}{n_2} \qquad (6.4.3\text{-}2)$$

式中：m_{td}——明显管线点埋深量测中误差（mm）；

Δd_{ti}——明显管线点的埋深原始探测值与质量检查值之差
（mm）；

n_2——明显管线点检查点数（个）。

6.4.4 地下管线属性调查包括管线类别、材质、规格、特征点类别、电缆根数、管块总孔数及附属设施。探测中的属性调查的检查和漏探、错探的检查应符合下列规定：

1 管线类别识别错误属错探管线，应重新调查。

2 管线材质、电缆根数、管块总孔数、特征点类别4项合并成1项统计，即所检查管线点总数的4倍为计数总项，检查错误率小于或等于总项的3%时，调查工作质量合格，否则不合格。

3 管线规格包括管径和方沟（或管块）断面尺寸，其量测限差为±50 mm，检查错误率小于或等于3%时，调查工作质量合格，否则不合格。

4 检查中发现漏探的管线应及时进行补探，并按规定的程序重新进行检查。

6.4.5 隐蔽管线点的开挖验证是评价探测工作质量的主要方法，开挖验证点应符合下列规定：

1 在每一个测区内，开挖验证点应具有代表性且均匀分布，随机抽取的验证点不宜少于隐蔽管线点总数的0.5%，且不宜少于2个。

2 当开挖管线点与探测管线点之间的平面位置偏差和埋深偏差超过本规范第3.4.1条第1款规定的限差，且超差点数小于或等于开挖总数的10%时，该区管线探测工作质量合格。

6.4.6 地下障碍物的探测质量检查应根据具体探测方法，选择重复观测、系统检查等方法进行质量检查，应满足符合现行上海市工程建设规范《工程物探技术标准》DG/TJ 08—2271的相关规定。

6.4.7 地下障碍物质量检查点应分布均匀、随机选取，异常段、可疑点和突变点应重点检查。质量检查工作量不得少于总工作量的5%，且能满足数据统计的要求。质量检查不符合要求的数据应重新采集，并扩大抽检比例。

7 地下管线及障碍物专项探测

7.1 一般规定

7.1.1 地下管线及障碍物专项探测应在常规探测工作的基础上,选用经验证有效的探测方法或综合探测方法实施,探测精度应满足委托要求。

7.1.2 专项探测应探明设计或施工阶段重要节点的关键地下管线及障碍物目标空间分布,为设计、施工提供可靠依据。

7.1.3 根据工程建设需要,以精探为目的的专项探测,探测精度应经业主单位确认后方可实施。

7.1.4 地下管线专项探测宜选用惯性陀螺仪法、井中磁法、信标示踪法等方法开展探测工作。地下障碍物专项探测宜选用井中磁法、单孔透射波法、井间层析成像法等方法开展探测工作。

7.1.5 专项探测选用仪器的性能、技术指标、测线测点布置、数据采集及资料解释应不低于现行行业标准《城市工程地球物理探测标准》CJJ/T 7 的相关规定。

7.1.6 开展专项探测应具备实施物探工作的场地条件及环境条件,关键目标探测成果宜采用开挖、钻探、触探、孔内摄像等直接方法进行验证,验证作业应注意对地下管线及地下设施的保护。

7.2 地下管线专项探测

7.2.1 地下管线专项探测精度应根据目标属性、场地条件和方法选择综合确定,原则上应不低于委托要求。

7.2.2 地下管线专项探测方法技术除应满足本规范第6.2节的要求外,宜选用高精度探测方法或选用不少于2种探测方法进行综合对比探测。

7.2.3 对深埋金属管道选用大功率充电法、井中磁法和瞬变电磁法综合探测应符合下列规定:

    1 采用大功率充电法探测,其充电电流不宜小于600 mA,探测结果可为井中磁法布孔提供依据。

    2 采用井中磁法进行高精度探测,探测断面宜垂直管道走向布设,断面数不宜少于2个,每个断面布孔数不少于5个,探测点距不大于0.1 m。

    3 钻(冲)孔的垂直度偏差不应大于0.5%。

    4 探测磁异常垂直分量宜进行化极处理,获得垂直磁化的磁异常,其最大值对应探测管线的埋深。

    5 对于工程要求探测的平面精度远高于本规范规定精度的测孔,应对探测孔进行测斜,并对探测结果进行校核。

7.2.4 对通信类非开挖管线采用信标示踪法对空管追踪探测应符合下列规定:

    1 探测前现场应进行3 m距离单点标定,标定后检核距离应大于管线埋深,检核误差应满足限差要求。

    2 探测前应对现场干扰源进行场地干扰试验,干扰信号强度应满足要求。

    3 每一束非开挖管线探测孔位置应分散选取,宜选取四角加中心孔探测。

    4 探测点距不应大于5 m,顶管、盾构项目中轴线位置管线埋深变化较大时,应加密探测点。

    5 当场地干扰信号较强无法定位或定位精度不满足要求时,宜选用微型惯性陀螺仪法、分离式电磁法、井中磁测法或水冲触探加孔内摄像法进行精探,井中磁测法探测应在通信类非开挖管线内穿入强磁棒。

7.2.5 对电力非开挖管线选用信标示踪法和惯性陀螺仪法综合探测应符合下列规定:

1 宜用信标示踪法对所有管孔逐一探测确定管线分束情况。

2 优先选择惯性陀螺仪法探测,每束管线至少精探1孔,探测孔数应满足管线权属单位要求。

3 惯性陀螺仪法探测路径点间距不应大于1 m。

4 应将信标示踪法和惯性陀螺仪法探测数据按同比例绘制在同一剖面图内,绘制所有测试孔的轨迹包络线,并标注探测管线的误差范围线。

5 当采用惯性陀螺仪法探测数据离散性较大或无法探测时,宜选用分离式电磁法、井中磁测法或水冲触探加孔内摄像法进行精探。

7.2.6 对深埋管线可选用分离式电磁法探测,目标管道应具备直连法或夹钳法施加电磁信号的条件,该方法是在目标金属管线附近设置钻孔,孔位距管线宜为2 m~4 m,保证分离式电磁法探头能接收到有效的电磁场信号,通过逐渐逼近法可获得较强电磁场信号,若探测水平距离小于2 m且稳定,探测结果准确可信。若探测电磁场信号较弱,通过给待测管线施加较强固定频率的信号,使接收机获得更强的电磁场信号,从而达到精确探测的目的。

7.2.7 对于浅埋金属管线,选用电磁感应法、信标示踪法综合探测应符合下列规定:

1 采用电磁感应法探测地下管线,应采用极大值法和极小值法同时定位,通过对比分析,确定管线的准确平面位置。

2 地下管线定深应选用直读法、特征点法、45°法综合确定。

3 采用直读法定深时,应保持接收机天线垂直,并根据方法试验确定的修正系数校正直读结果,收发距应根据现场试验确定,宜取15 m~25 m。

4 当电磁感应法受周边干扰较大无法定位时,可采用信标示踪法逐孔追踪探测;也可采用探地雷达法探测。

7.2.8 对于玻璃钢夹砂管、PE 管等特殊材质的非开口管道探测应符合下列规定：

1 管道埋深较浅时，可采用开挖、触探、主动声源法等方法探测，或采用探地雷达法探测。

2 管道埋深较深时，经相关单位同意，可在切割管道后采用惯性陀螺仪法、信标示踪法探测。管径较大时，信标示踪法探测应配置探头居中装置。

3 深埋管道探测可选用井间、井地超高密度电阻率法或井间透射波层析成像法，探测管道尺寸应通过试验确定。

4 主动声源法探测 PE 燃气管道应符合以下规定：

1）必须保证音频振动器接口与管道接口尺寸对应、连接牢固；

2）每个管线点水平位置确定，应垂直于管道走向，进行不少于 3 次剖面测量，测量信号峰值集中或位于同一条直线上；

3）管道三通、弯头特征点，宜采用几何交汇法探测，复杂管线宜进行扫描探测；

4）现场应选用不同频率探测，避开环境中的同频率噪声干扰。

7.2.9 大型原水、排水箱涵及其他大口径的管道，可采用探地雷达法、高密度电阻率法、井间层析成像法、井中磁法等方法进行综合探测，宜对探测成果采用开挖、触探、钻探等方法进行验证。

7.2.10 共同沟、综合管廊、雨污水管涵等探测，当技术人员可以进入时，宜通过全站仪直接测量获得其准确位置及高程；若无法测量，可采用信标示踪法进行探测。也可按本规范第 7.2.9 条方法进行探测。

7.2.11 地下管线专项探测应采用高精度或同等精度的多种物探方法进行质量检查，质量检查方法及重复观测的数量应符合本规范第 3.6.2 条和第 6.4.1 条的规定。

7.3 地下障碍物专项探测

7.3.1 地下障碍物专项探测的探测精度应由业主、设计会同物探单位确定。

7.3.2 地下障碍物专项探测方法技术除应满足本规范第 6.3 节要求外,宜根据探测目标体的特点、现场及环境条件选用不少于 2 种物探方法进行综合对比探测。

7.3.3 对于既有建(构)筑物下部桩基础采用单孔地震透射波法、井间层析成像法综合探测,应符合下列规定:

　　1 单孔地震透射波法的钻孔深度应达到预估桩底标高以下 5 m,垂直度偏差不应大于 0.5%。

　　2 单孔透射波法测试孔在待测基础外侧边缘不宜大于 2 m 处,孔深大于 20 m 时,应进行垂直度或孔斜量测;采用多道等距水听器的工作道数不宜小于 12 道,道间距不应大于 0.5 m;每次移动排列间隔宜为水听器间距的 1/2。

　　3 井间层析成像法探测孔与待测桩基宜在一条直线上,井深不应小于井间距的 2.0 倍,当井深大于 5 m 时,宜进行井斜校准;宜采用等道间距激发、接收,道间距不应大于探测桩截面尺寸;宜在井间地表处补充发射、激发点或观测点。每个剖面完成一次完整观测后,应互换发射孔与观测孔进行第二次测试,实现井间观测数据的完全采集。

7.3.4 对于场地空旷的埋深较浅的地下障碍物采用探地雷达法、地震映像法等方法探测,应符合下列规定:

　　1 探地雷达法测网宜布设成正方形网格状,测网密度小于目标体 1/2,测线布设应大于探测目标体在地面的投影范围,目标体上的探测异常测点数不应少于 3 个,宜选用双频天线探测或选用频率适中的高、低频 2 种天线探测。

　　2 地震映像法测点间距不大于最小目标体地面投影直径的

1/3,测线间距应不大于最小目标体地面投影直径的 1/2;垂直的速度型检波器固有频率宜为 38 Hz～100 Hz;硬化路面宜用石膏粘牢检波器,数据采集叠加次数不少于 6 次,当发现异常体时,应改变偏移距进一步复核确认。

7.3.5 对于埋深较大的地下障碍物采用井中磁法、井间层析成像法、瞬变电磁法、微动法等探测,应符合下列规定:

1 井中磁法探测孔宜设置在距目标体外边缘 0.5 m～1.0 m 之间,测试预制桩的桩长时应取小值,钻孔深度应达到预估目标体底标高以下 5 m,垂直度偏差不应大于 0.5%;测点间距不大于 0.1 m,每个测孔测试不少于 2 次,发现异常时应复核加密测试。

2 井间层析成像法探测目标体应位于钻孔之间,探测孔应能准确圈定目标体的范围,其井深设置、激发与接收间距及数据采集按本规范第 7.3.3 条第 3 款执行。

3 灌注桩的桩长测试时,宜采用井中磁法、井间层析成像法或单孔透射波法综合探测。

4 瞬变电磁法探测地下障碍物时,应具备下列条件:

1) 地下障碍物与周围介质存在明显的电性差异;

2) 地下障碍物直径埋深比不小于 1/4;

3) 测区强电磁、金属物等环境干扰较小。

5 微动法探测地下障碍物时,应符合下列规定:

1) 测线宜采用网状布设,测点间距应小于探测目标的尺寸;当探测目标体复杂时,测网应依据地质条件和探测条件适当加密。

2) 测区边界附近发现重要异常时,应延长测线长度,确保异常形态的完整探测。

3) 探测目标至少有 2 条测线通过,每条测线至少有 3 个相邻点予以控制。

4) 若场地存在固定干扰源,台阵应远离固定干扰源;当干扰源可作为有效震源时,宜采用直线型台阵,台阵延长线宜通过干扰源。

    5) 宜根据探测目标体的深度、现场工作条件等因素,选择采用圆形、内嵌三角形、直线形、T 形、L 形或十字形等台阵观测方式。

    6) 应根据探测深度、精度要求,确定台阵半径、测点间距、拾振器间距、仪器采集参数及记录长度。

    7) 单次记录时间不宜小于 15 min。

7.3.6 地下障碍物专项探测应采用高精度或同等精度的多种物探方法进行质量检查,质量检查方法及重复观测的数量应符合本规范第 3.6.2、6.4.5 和 6.4.6 条的规定。

8 探测点测量

8.1 一般规定

8.1.1 探测点测量工作包括控制测量、地下管线及障碍物探测点测量和测量成果的检查验收。

8.1.2 探测点测量前,应收集测区已有的控制点及基本比例尺地形图资料。对缺少基本控制点及基本比例尺地形图的测区,或需对基本控制点及地形图进行加密和修测的,应按现行行业标准《城市测量规范》CJJ/T 8 和现行上海市工程建设规范《1∶500 1∶1000 1∶2000 数字地形测绘标准》DG/TJ 08—86 的有关要求执行。

8.1.3 探测点平面位置测量可采用图根导线串测法、极坐标法、轨迹法及 GNSS-RTK 测量,其精度应符合本规范第 3.4.3 条的规定。

8.1.4 探测点高程测量可采用几何水准、电磁波测距三角高程及 GNSS 高程测量的方法进行,其精度应符合本规范第 3.4.3 条的规定。

8.1.5 探测点测量所使用的测量仪器应在检定、校准及维护保养有效周期内,测量时仪器的检验及操作应按现行行业标准《城市测量规范》CJJ/T 8 的有关要求执行。

8.2 探测点测量

8.2.1 采用极坐标法测定探测点坐标时,角度可采用半测回观测及距离一次性测量,最大测量边长为 150 m。

8.2.2 GNSS-RTK 平面坐标测量探测点时,每点采集 1 组数据,一次观测时长不小于 10 s,连续测定 20 个需要重新初始化 1 次,并验证 1 个测量点的坐标,验证位置较差限差 80 mm,否则应查明原因,对超限点重新测量。

8.2.3 采用电磁波测距三角高程测量探测点时,角度观测半测回,距离观测一测回,最大测量边长 150 m。观测前后两次丈量仪器高及棱镜高,两次丈量高差限差±5 mm,取均值为高度值。

8.2.4 GNSS-RTK 高程测量探测点时,每点采集 1 组数据,一次观测时长不小于 10 s,连续测定 20 个需要重新初始化 1 次,并验证 1 个测量点的高差,验证位置较差限差 50 mm,否则应查明原因,对超限点重新测量。

8.2.5 探测点测量时,宜直接仪器录入其外业编码;重新建立编码时,应建立仪器编码与外业编码对应关系。

8.2.6 采用轨迹测量法获取空间三维坐标时,轨迹两端控制点的精度应满足图根级精度要求。

8.3 质量检查

8.3.1 测量成果质量检查应在过程控制的基础上,检查探测点测量精度。质量检查应符合下列规定:

  1 检查点应在测区内均匀分布、随机抽取,数量不得少于测区内探测测量点总数的 5%。

  2 检查时应复测探测测量点的平面位置和高程。当质量检查点数不少于 20 个时,按公式(8.3.1-1)和公式(8.3.1-2)分别计算 m_{cs} 和 m_{ch}。当质量检查点数少于 20 个时,按公式(8.3.1-3)和公式(8.3.1-4)分别计算 m_{cs} 和 m_{ch}。

$$m_{cs} = \pm \sqrt{\frac{\sum \Delta s_{ci}^2}{2n_c}} \qquad (8.3.1\text{-}1)$$

$$m_{ch} = \pm \sqrt{\frac{\sum \Delta h_{ci}^2}{2n_c}} \qquad (8.3.1-2)$$

$$m_{cs} = \pm \frac{\sum |\Delta s_{ci}|}{n_c} \qquad (8.3.1-3)$$

$$m_{ch} = \pm \frac{\sum |\Delta h_{ci}|}{n_c} \qquad (8.3.1-4)$$

式中：m_{cs}——管线点平面位置测量中误差(mm)；

Δs_{ci}——管线点平面位置较差(mm)；

n_c——质量检查的点数(个)；

m_{ch}——管线点高程测量中误差(mm)；

Δh_{ci}——管线点高程较差(mm)。

8.3.2 质量检查时的平面位置测量中误差和高程测量中误差应符合本规范第3.4.3条的规定。

9 资料整理与报告编制

9.1 一般规定

9.1.1 调查探测工作结束后,作业单位应在质量检查合格的基础上,整理资料并编制调查探测成果报告。

9.1.2 调查探测成果应依据任务书或合同书、经批准的技术设计书、本规范及有关技术标准进行成果验收。

9.1.3 调查探测成果应在验收通过后,按任务要求提交。

9.2 数据处理与数据库建立

9.2.1 地下管线分类及代码应符合本规范附录 A 的相关规定。

9.2.2 数据处理与数据库建立应满足委托方制定的数据规则。委托方未明确数据规则时,宜参照现行行业标准《城市地下管线探测技术规程》CJJ 61 的相关规定执行。

9.2.3 管线要素应在管线分类的基础上,按照功能和用途分类。

9.2.4 管线数据应按管线小类,以点、线、面、属性注记区分不同数据类型,划分和命名数据图层。综合管廊宜按点、线结构区分。

9.2.5 地下障碍物宜按基础类型,以点、线、面、属性注记区分数据类型。

9.2.6 数据处理后形成的数据文件应经过拓扑检查和属性检查,且数据文件应符合下列规定:

    1 完整性检查:图层无丢漏,数据范围覆盖工作范围,属性项完整,必须项无遗漏。

    2 逻辑一致要求:管线要素和分类代码、数据分层及命名、数据结构应符合要求；要素间拓扑关系应正确，数据取值均在阈值内。

3 属性精度要求：各项属性数据正确。

9.2.7 数据库建立应在需求分析的基础上进行设计，且应根据设计选择数据库平台。

9.2.8 数据库的数据来源应是经检查合格后的成果数据，且数据应按照一定的分类和代码存储在数据库中。

9.2.9 数据库应包括地下管线空间信息、属性信息数据库和元数据库。

9.2.10 数据库应符合应用需求，且便于维护和扩充。

9.3 地下管线三维建模

9.3.1 地下管线三维建模前，应进行需求分析及技术设计，确定包含模型单元、模型类型、模型分级、建模方法、建模流程、过程控制和成果检验等内容的实施方案及成果交付要求。

9.3.2 地下管线建模应分段建模，并应反映管线的走向、主次和连接关系，管点符号与管线表面模型应无缝衔接。

9.3.3 地下管线应通过测量所取得的中心线起止点坐标与截面数据进行建模。

9.3.4 地下管线模型构件应符合下列规定：

1 应根据界面轮廓构建参数可变的截面。

2 宜根据中心线及截面数据扫掠，自动生成三维模型。

3 宜根据附属物的类型、姿态、位置、尺寸，自动构建三维模型。特殊附属结构宜根据其重要性单独建模。

9.3.5 对于综合管廊，廊内管道应参照本规范执行，管廊本体连接应按现行国家标准《城市地下空间三维建模技术规范》GB/T 41447 执行。

9.4 调查探测成果图及成果表编绘

9.4.1 成果图编绘前应取得测区现势地形图和经检查合格的综合地下管线数据及障碍物成果数据等资料。

9.4.2 地下管线综合图的内容应包括各专业管线、管线的附属设施和现势地形图,样图按本规范附录 F、附录 G 执行。

9.4.3 当地下管线上、下重叠或相距较近且不能按比例绘制时,宜在图内以扯旗的方式说明。扯旗线应垂直地下管线走向,扯旗内容应放在图内空白或图面负载较小处。对于扯旗注记未涉及的管线,宜在管线旁单独注记。扯旗注记的内容宜按表 9.4.3 执行。

表 9.4.3 扯旗注记表示内容

管线名称	表示内容
电力	管线小类+电压等级+总孔数/根数+占用孔数+材质+埋深(路灯、交通信号、景观灯线不需标注压力等级)
通信	管线小类+总孔数/根数+材质+埋深
给水	管线小类+管径+材质+埋深
排水	管线小类+管径(断面尺寸)+材质+埋深
燃气	管线小类+压力等级+管径+材质+埋深
工业	管线小类+管径+材质+埋深
热力	管线小类+管径+材质+埋深
其他	管线小类+管径(断面尺寸)+总孔数/根数+材质+埋深

9.4.4 地下障碍物成果图的内容应包括沿线各建筑物和现势地形图,样图按本规范附录 H、附录 J 执行。

9.4.5 地下障碍物成果描述应放在图内空白或图面负载较小处。

9.4.6 地下障碍物成果图图例应保持一致。

9.4.7 地下管线及障碍物调查探测成果图比例尺应不小于
1：500。

9.4.8 地下管线及障碍物调查探测成果图中现场无法查实的管
线或障碍物内容,应在图中注记为调查资料,同时标明调查资料
信息,包括资料来源、产权人、资料类别、联系方式等。

9.4.9 地下管线成果表及地下障碍物成果表按本规范附录 K、
附录 L 执行。

9.5 报告编制

9.5.1 成果报告宜分为地下管线调查探测成果报告及地下障碍
物调查探测成果报告两部分。

9.5.2 地下管线调查探测成果报告应包括下列内容:

    1 工程概况:探测的依据、目的和要求;测区的地理位置、地
球物理和地形条件;开竣工日期;实际完成的工作量等。

    2 工作方法及投入的仪器设备:各工序作业的标准依据;坐
标和高程的起算依据;采用的仪器设备和技术方法。

    3 调查资料分析、探测资料处理与解释。

    4 成果综述。

    5 质量评定:各工序质量检验与评定结果。

    6 成果存在的问题及后续处置建议。

    7 结论与建议。

    8 附图与附表。

9.5.3 地下障碍物调查探测成果报告应包括下列内容:

    1 工程概况:探测的依据、目的和要求;测区地理位置情况;
开竣工日期;实际完成的工作量等。

    2 地质及地球物理特征:测区地质、水文及工程地质特征;
测区地形条件及物性条件;周边干扰情况。

    3 工作方法及投入的仪器设备:各工序作业的标准依据;坐

标和高程的起算依据;采用的仪器设备和技术方法。

    4 调查资料对比分析、探测资料处理与解释、验证情况说明。

    5 成果综述。

    6 质量评定:各工序质量检验与评定结果。

    7 成果存在的问题及后续处置建议。

    8 结论与建议。

    9 附图与附表。

9.5.4 报告编写应内容完整,重点突出,结论明确,附图及附表等资料齐全。

9.6 成果提交与验收

9.6.1 成果验收应在作业单位自检合格的基础上经质量检查合格后才能组织验收。

9.6.2 成果验收应依据合同书、技术方案、本规范及有关技术标准进行验收。

9.6.3 成果验收资料应包括下列内容:

    1 任务书或合同书、技术方案。

    2 所利用的调查成果资料,坐标和高程验证结果及仪器的检验、校准记录。

    3 外业记录草图、调查记录表、调查图纸、探测记录表、控制点和测量点观测记录与计算资料以及各种检查和开挖验证、专项探测验证记录。

    4 质量检查报告。

    5 调查探测成果图,各类探测方法的实际测网布设图、平面、剖面图,成果表、数据文件及数据库,三维信息模型等。

    6 调查探测成果报告。

9.6.4 验收合格的成果应符合下列规定:

    1 提交的成果资料齐全,符合归档要求。

2 完成合同书规定的各项任务,成果经质量检验符合质量要求。

3 各项记录和计算资料完整、清晰、正确。

4 采用的技术方法与技术措施符合标准规范要求。

5 成果精度指标达到技术标准、规范和技术方案的要求。

6 存在问题处理合理。

7 总结报告内容齐全,能反映工程全貌,结论明确,建议合理可行。

9.6.5 成果验收宜采用专家评审的形式进行。

9.6.6 成果提交时应列出资料清单或目录,逐项清点,并办理交接手续。

附录 A 地下管线类别名称与代号

管线类别	管线代号	小类	小类代号	说明
电力	DL	供电	GD	
		路灯	LD	
		电车	DC	
		信号	XH	交通信号线
		景观	DG	广告景观灯线
		直流	ZL	直流专用线
		其他电力	QD	其他电力
通信	TX	电信	DX	移动、联通、电信等提供固定电话和移动电话服务的通信公司管线
		广电	DS	广播电视管线
		信息	XX	上海市信息管线有限公司管线
		监控	JK	
		专线	ZX	
		电通	DT	电力通信
		其他通信	QX	其他通信
给水	JS	上水	SS	
		原水	OS	
		中水	ZS	
		消防	XF	
		绿化	LS	
		直饮	JZ	
		其他给水	QJ	其他给水

续表

管线类别	管线代号	小类	小类代号	说明
排水	PS	雨水	YS	
		污水	WS	
		合流	HL	雨污合流
		其他排水	QP	其他排水
燃气	RQ	煤气	MQ	
		天然气	TR	
		液化气	YH	
热力	RL	蒸汽	RZ	
		热水	RS	
工业	GY	氢气	QQ	
		氧气	YU	
		乙炔	YQ	
		原油	YY	
		成油	CY	成品油
		航油	HY	
		排渣	PZ	
		乙烯	YX	
		氨水	AS	
		纯水	CS	
		酸	SY	
		废水	FS	
		其他工业	QG	其他工业
其他	QT	管廊	ZH	综合管廊
		合杆	HG	合杆管线：电力与通信合排公用管线
		不明	BM	不明管线：无法查明类别和功能的管线

附录 B 探测方法选用表

方法类别	探测方法＼适用范围	浅埋金属管线	深埋金属管线	非开挖通信类、电力管线	浅埋非金属管线	深埋非金属管线	大型原水、排水管涵及其他大口径的管道	共同沟、综合管廊	水域管线(河道、池塘等)	水域管线(长江、浅海等)	陆域地下障碍物	水域障碍物	堤岸抛石
	信标示踪法	□		■	■	■	□	□	■	□			
	惯性陀螺仪法	□	■	■	□	■	□	□	■	□			
	地面高精度磁法	□											
直流电法	充电法	■	□	□			□	□			□		
直流电法	高密度电阻率法	■									■		■
电磁法	电磁感应法	■	□	□	□						□		■
电磁法	探地雷达法	■	□	□	□	□	■	■	□		■		■
电磁法	瞬变电磁法										□	□	□
弹性波法	反射波法/地震映像法						■	■		□	■	□	■

适用范围／探测方法		浅埋金属管线	深埋金属管线	非开挖通信类、电力管线	浅埋非金属管线	深埋非金属管线	大型原水、排水管涵及其他大口径的管道	共同沟、综合管廊	水域管线（河道,池塘等）	水域管线（长江,浅海等）	陆域地下障碍物	水域障碍物	堤岸抛石
弹性波法	瞬态瑞雷波法						□	□			□		□
	微动探测法						□	□			□		□
水域物探方法	地震反射波法									□		■	
	侧扫声呐法									■		■	
	浅层剖面法								■	■		■	
	磁测法								■	■		■	
	高密度电阻率法						□	□	□	□	□	□	
井中探测法	井中磁测		■	□								□	
	井中电磁感应法		■	□		□							
	井间层析成像法		□	□		□	□	□	□	□	□	□	
	孔中摄像法	□	□	□							□	□	□
	旁孔透射波法										■	□	
红外辐射测温法		□											

续表

探测方法＼适用范围	浅埋金属管线	深埋金属管线	非开挖通信类电力管线	浅埋非金属管线	深埋非金属管线	大型原水、排水管涵及其他大口径的管道	共同沟、综合管廊	水域管线(河道、池塘等)	水域管线(长江、浅海等)	陆域地下障碍物	水域障碍物	堤岸抛石
开挖法	□	□	□	■	□		□			■		□
触探法	□	□	□	□	□	□	□	□	□	□	□	□
直接测量						□	■					

注："■"表示推荐方法；"□"表示可选方法。

附录 C 地下管线绘图图式

符号 名称	图例	颜色（RGB）	符号 名称	图例	颜色（RGB）
A.1 管线线			11 非开挖管线		随管线类别
A.1.1 地下管线实测线			A.1.2 出地管线实测线		随管线类别
1 电力		红色（255,0,0）	A.1.3 特例管线		随管线类别
2 通信		绿色（0,255,0）	1 示意连接线		随管线类别
3 给水		蓝色（0,255,255）	2 废弃管线		随管线类别
4 排水		棕色（127,0,0）	A.2 管线测点		
5 燃气		洋红色（255,0,255）	A.2.1 实测点		随管线颜色
6 热力		橘黄（255,128,0）	A.2.2 探查点		随管线颜色
7 工业		青色（0,255,255）	A.3 管线特征点		
8 综合管廊（沟）		红色（255,0,0）	A.3.1 电缆分支点		黑色（0,0,0）
9 合杆		褐色（255,127,127）	A.3.2 给水/燃气变换 分界		黑色（0,0,0）
10 不明管线		紫色（127,0,255）			黑色（0,0,0）

续表

符号名称	图例	颜色(RGB)
A.3.3 进出水口		黑色(0,0,0)
A.3.4 管线指向		黑色(0,0,0)
A.3.5 非普点		黑色(0,0,0)
A.3.6 上墙/出地		黑色(0,0,0)
A.3.7 上杆		黑色(0,0,0)
A.3.8 井边点		黑色(0,0,0)
A.3.9 闷头（预留口）		黑色(0,0,0)
A.3.10 流向		黑色(0,0,0)
A.3.11 导管孔数变换分界		黑色(0,0,0)
A.3.12 接户井		黑色(0,0,0)
A.4 管线附属物		
A.4.1 电力检修井		
1 人井		黑色(0,0,0)
2 手井		黑色(0,0,0)
A.4.2 通信检修井		黑色(0,0,0)
1 人井		黑色(0,0,0)
2 手井		黑色(0,0,0)
A.4.3 给水检修井		黑色(0,0,0)
A.4.4 燃气检修井		黑色(0,0,0)
A.4.5 排水检修井		
1 雨水/污水/合流		黑色(0,0,0)
2 暗井		黑色(0,0,0)
A.4.6 工业检修井		黑色(0,0,0)
A.4.7 热力检修井		黑色(0,0,0)
A.4.8 不明用途		黑色(0,0,0)
A.4.9 合杆管线修井		
1 人井		黑色(0,0,0)
2 手井		黑色(0,0,0)
A.4.10 水质监测箱		黑色(0,0,0)
A.4.11 大阀门		黑色(0,0,0)
A.4.12 消防栓		黑色(0,0,0)

符号名称	图例	颜色(RGB)	符号名称	图例	颜色(RGB)
A.4.13 流量箱/计量箱		黑色(0,0,0)	A.4.27 投料口		黑色(0,0,0)
A.4.14 阀门井孔		黑色(0,0,0)	A.4.28 雨水/污水篦子		黑色(0,0,0)
A.4.15 测压装置		黑色(0,0,0)	A.4.29 路灯		黑色(0,0,0)
A.4.16 放气点（排气装置）		黑色(0,0,0)	A.4.30 警示桩		黑色(0,0,0)
A.4.17 排污装置		黑色(0,0,0)	A.4.31 交通信号灯		黑色(0,0,0)
A.4.18 排水器		黑色(0,0,0)	A.4.32 水塔		黑色(0,0,0)
A.4.19 电话亭		黑色(0,0,0)	A.4.33 调压箱		黑色(0,0,0)
A.4.20 监视器		黑色(0,0,0)	A.4.34 调压站		黑色(0,0,0)
A.4.21 涨缩器		黑色(0,0,0)	A.4.35 燃气柜		黑色(0,0,0)
A.4.22 凝水井		黑色(0,0,0)	A.4.36 接线箱		黑色(0,0,0)
A.4.23 通风口		黑色(0,0,0)	A.4.37 电箱		黑色(0,0,0)
A.4.24 沉降监测点		黑色(0,0,0)	A.4.38 变电站		黑色(0,0,0)
A.4.25 禁挖标志		黑色(0,0,0)	A.4.39 泵站		黑色(0,0,0)
A.4.26 阴极保护测试桩		黑色(0,0,0)	A.4.40 发射塔		黑色(0,0,0)
			A.4.41 取水器		黑色(0,0,0)
			A.4.42 地灯		黑色(0,0,0)

续表

符号名称	图例	颜色(RGB)	符号名称	图例	颜色(RGB)
A.4.43 灯箱		黑色(0,0,0)	A.4.49 合杆杆		黑色(0,0,0)
A.4.44 化粪池		黑色(0,0,0)	A.4.50 合杆箱		黑色(0,0,0)
A.4.45 格栅井		黑色(0,0,0)	A.5 管线构筑物		
A.4.46 信息球		黑色(0,0,0)	A.5.1 地下构筑物		黑色(0,0,0)
A.4.47 出入口		黑色(0,0,0)	A.5.2 地面构筑物		黑色(0,0,0)
A.4.48 充电桩		黑色(0,0,0)			

附录 D 地下综合管线探测记录表

项目名称：　　　　　　　　　　　　　　管线类型：
权属单位：　　　　　　　　　　　　　　仪器型号、编号：

点号		管线点类别				压力或电压	探测方法			埋深（mm）			偏距（m）	建设年代	备注
		方向	特征	附属物	材质	规格		激发	定位	定深	外顶（内底）	中心				
临时	永久											探测	修正			

探查：　　　　　　　　　　校核：　　　　　　　　　日期：

附录 E　地下障碍物探测记录表

项目名称：　　　　　　　　　　　　　　障碍物名称及位置：

仪器型号、编号：

编号	预估类型	预估尺寸（m×m）	探测埋深（m）	探测障碍物中心坐标		顶标高（m）	底标高（m）
				横坐标（m）	纵坐标（m）		

探查：　　　　　　　　　　校核：　　　　　　　　　日期：

附录 F 地下综合管线探查成果图样图

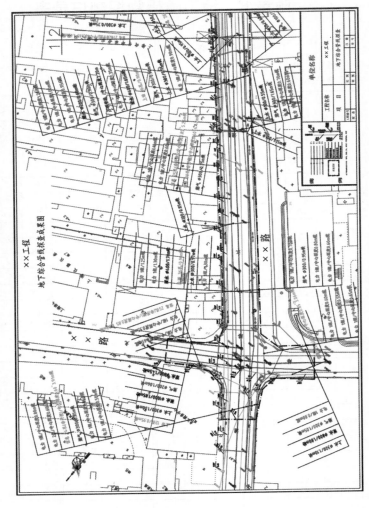

附录 G 重要节点地下综合管线横断面图样图

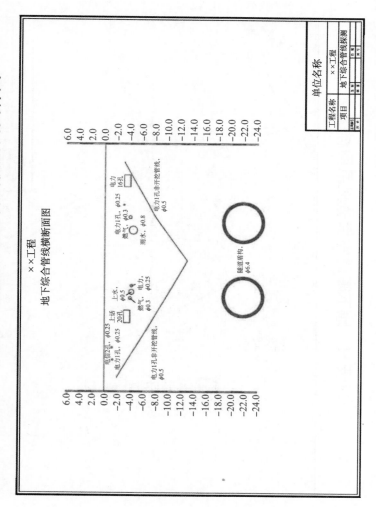

××工程
地下综合管线横断面图

电信2孔，φ0.25
电力1孔，φ0.25

电力孔串开挖管线，
φ0.5

上水，
φ0.5
燃气，
φ0.3
电力，φ0.25

电信1孔，φ0.25
燃气，φ0.3 *
电力，16孔

雨水，φ0.8

电力孔串开挖管线，φ0.5

隧道箱构，φ6.4

单位名称			
工程名称	××工程		
项目	地下综合管线探测		

附录H 地下障碍物探查成果图样图

附录 J 重要节点地下障碍物横断面图样图

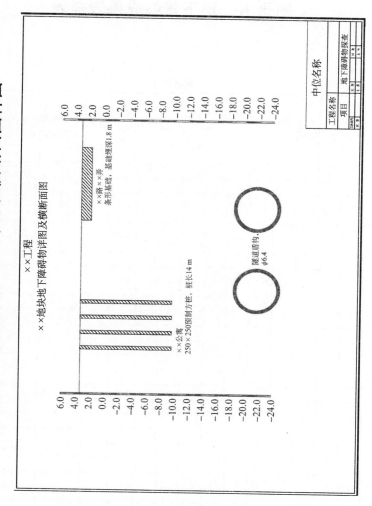

××工程
××地块地下障碍物详图及横断面图

6.0
4.0
2.0
0.0
-2.0
-4.0
-6.0
-8.0
-10.0
-12.0
-14.0
-16.0
-18.0
-20.0
-22.0
-24.0

××路××弄
条形基础,基础埋深1.8 m

6.0
4.0
2.0
0.0
-2.0
-4.0
-6.0
-8.0
-10.0
-12.0
-14.0
-16.0
-18.0
-20.0
-22.0
-24.0

××公寓
250×250预制方桩,桩长14 m

隧道盾构,φ6.4

单位名称		
工程名称		地下障碍物探查
项目		

附录 K 地下管线成果表样表

工程名称：

管线种类：　　　　　　　　　　　权属单位：

图上点号	物探点号	连接点号	管线材质	节点性质	平面坐标（m）		高程（m）		埋深（m）	管径或断面尺寸（mm）	压力或电压（kV）	总孔数/已用孔数	电缆根数	埋设方式	所在位置	备注
					X	Y	地面	管线								
1	2	3	4	5	6	7	8	9	10	11	12	13	14	15	17	18

项目负责人：　　　　制表：　　　　校核：　　　　日期：

附录 L 地下障碍物成果表样表

工程名称：

障碍物名称及位置：

编号	种类	规格（mm）	长度（m）	坐标		顶标高（m）	底标高（m）
				横坐标(m)	纵坐标(m)		

项目负责人：　　　　制表：　　　　校核：　　　　日期：

本规范用词说明

1 执行本规范条文时，对于要求严格程度不同的用词说明如下：

　1）表示很严格，非这样做不可的用词：

　　　正面用词采用"必须"或"须"；反面用词采用"严禁"。

　2）表示严格，在正常情况下均应这样做的用词：

　　　正面用词采用"应"；反面用词采用"不应"或"不得"。

　3）表示允许稍有选择，在条件许可时，首先应该这样做的用词：

　　　正面用词采用"宜"；反面用词采用"不宜"。

　4）表示有选择，在一定条件下可以这样做的用词，采用"可"。

2 条文中指明应按其他有关标准执行的写法为"应符合……的规定（或要求）"或"应按……执行"。

引用标准名录

1 《海洋调查规范 第8部分:海底地质地球物理调查》
  GB/T 12763.8
2 《海洋调查规范 第10部分:海底地形地貌调查》
  GB/T 12763.10
3 《城市地下空间三维建模技术规范》GB/T 41447
4 《城市地下管线探测技术规程》CJJ 61
5 《城市工程地球物理探测标准》CJJ/T 7
6 《城市测量规范》CJJ/T 8
7 《1:500 1:1 000 1:2 000 数字地形测绘标准》
  DG/TJ 08—86
8 《地下管线探测技术规程》DGJ 08—2097
9 《工程物探技术标准》DG/TJ 08—2271

上海市交通运输行业协会团体标准

上海市域铁路地下管线及障碍物
调查探测规范

T/SHJX 060—2024

条 文 说 明

2024　上海

目 次

1 总 则

1.0.1 本条阐明了制定本规范的目的。近年来大量的工程建设经验表明,地下管线及障碍物是制约项目可行性和施工安全性的重大因素,特别是因调查探测成果偏差,导致施工过程中管线安全事故时有发生,严重威胁到人民生命健康和财产安全,社会影响巨大;同时,施工中遇到重大障碍物导致的设计方案变更、施工进度受阻、保护或清障投资大幅增加的情况亦不鲜见,逐步引发业界对地下管线及障碍物调查探测工作的高度关注,该项工作越全面、越仔细,越有利于在项目前期通过设计实现对重大障碍目标的避让、迁改,消除风险和隐患,避免施工中的不确定性。

市域铁路作为超大型项目,建设跨度大、周期长,穿越各类城区和郊区,既有管线密集、重大生命线复杂的区域,又有城市建设更新迭代迅速、遗留地下障碍物可能增大的区域,对调查、探测工作提出了更高要求。制定本规范的目的就在于统一技术要求,规范作业方法和检查验收标准,保证地下管线及障碍物调查探测的成果质量。

本规范所指的地下管线及障碍物是各类轨道交通项目中开展最为广泛的两项物探工作,本规范仅针对开展该两项物探工作的技术要求进行了规定。对于本规范没有涵盖的其他物探工作,如地下空洞、不良地层勘察等可以参照相关行业或地方标准执行。

1.0.2 本条规定了本规范的适用范围。

1.0.3 地下管线及障碍物调查探测的有效性和精度很大程度上依赖于探测手段的选择,而各探测手段的有效性往往又与场地条件、环境条件、目标与周围介质的物性差异密切相关,这就导致同样的探测方法未必适用同样的目标;即便适用,探测效果和精度也可能存在差异。这种探测方法的不确定性导致在探测工作中,方法的选择尤为关键,综合性探测方法和直接验证手段的应用也就意义凸显。部分目标特别是高风险目标,往往需要更高精度、更高可靠性,因此,需要利用不同探测方法的结果进行对比印证来提高可靠性,甚至有些目标必须经直接法验证后才能确认探测结果。

探测效果回访作为近年来兴起的一种物探方法正逐渐获得业界关注。该方法通过全面回顾项目实施过程中遇到的地下管线及障碍物相关安全事件,间接地反演、分析物探成果的可靠性,从而达到确认方法选择有效性、探测结果稳定性、提升物探水平的目的。

1.0.4 地下管线及障碍物的探测方法与技术的快速发展,以及新探查仪器的不断涌现,为地下管线及障碍物探测工作开展创造了良好条件,有利于探测效率、质量和成果可靠性的提高,故在实际探测工作中,应积极推行经试验证明行之有效的新技术、新方法和新仪器。但不论何种新技术、新方法和新仪器,在探测精度方面应符合本规范的有关要求。

随着探测和测量领域的科技进步,在本规范发布后,必然有许多以前不成熟的技术、方法和仪器设备成熟起来,新的探测技术、方法和仪器设备也会不断涌现。只要最终产品质量和探测精度符合本规范的要求,并且经过验证是稳定的,本规范尚未提及的探测技术、方法和仪器设备都可以在上海市域铁路地下管线及障碍物探测中使用。

1.0.5 本规范是市域铁路地下管线及障碍物调查探测的专业技术标准,突出了市域铁路地下管线及障碍物调查探测的特点。它与城市测绘、城市物探工作具有密切关联,故本条明确规定,市域铁路地下管线及障碍物调查探测,除应符合本规范外,尚应符合国家、行业和本市现行有关标准的规定。

2 术语和符号

2.1 术 语

2.1.1 本规范给出了市域铁路定义。特指位于中心城区与其他组团间、组团式城镇之间或与大中城市具有同城化需求的城镇间,服务通勤、通学、通商等规律性客流,设计速度 100 km/h～160 km/h,快速、高密度、公交化的客运专线铁路。

2.1.2 本规范所指的地下管线,是指位于整个探测范围内的所有地下管线及其附属设施的统称,在工程建设中可能需要保护或迁改。

2.1.3 本规范所指的地下障碍物,是指人工因素形成,可能影响设计方案稳定或施工安全的各类地下埋藏物,在工程建设中可能需重点保护或清障。

2.1.8 为便于进行地下管线测绘,准确描绘地下管线的走向和位置,在地下管线探查过程设立的管线测量点,统称为管线点。管线点分为明显管线点和隐蔽管线点。明显管线点是指采用简单的技术手段即可直接定位和获取有关数据的可见管线点,如窨井、消防栓、人孔及其他地下管线出露点;隐蔽管线点是必须借助仪器设备探查才可定位、定深的管线点。

2.1.10 本条给出了专项探测定义和应用场景,它包含三层意思:一是专题研究常规探测手段无法查明的目标,以期有效查明;二是对常规探测阶段尚存疑点的关键目标,通过综合探测手段的对比印证提高结果可靠性;三是为达到设计、施工特殊要求的精度而开展的精细探测。

常规探测和专项探测主要是按照探测方法及探测结果可靠

性来划分。具体如下：

1 地下管线及障碍物常规调查探测阶段，主要在资料收集、分析的基础上，采用一些常规、一般精度的地面物探方法（如电磁感应法、信标示踪法、探地雷达法），由于环境所限（如在主干道上开展探测工作，因工程前期交通组织或占道施工手续难以办理，无法动用钻机进行钻孔），因而可能无法采用一些适应性强、精度高的孔中物探方法技术（如井中磁梯度法、井间层析成像法等），探测结果可靠性和精度都受到限制，尤其是探测精度仅满足行业通用物探规范的要求。

2 地下管线及障碍物专项探测阶段，经过了常规探测筛查，设计、施工进一步明确了必须查明或必须达到要求探测精度的关键目标，故要求在综合考虑环境保护和交通组织的基础上创造实施空间，采用各种有效和高精度的探测方法（如惯性陀螺仪法、井中磁梯度法、井间层析成像法、地震映像法、瞬态瑞雷面波法、高密度电阻率法、瞬变电磁法、微动探测法等，水域段采用水域高精度物探方法），以确保目标属性能探测清楚，成果可靠性和精度能满足专项探测要求。有条件时，还需对关键目标采用钻探、触探及井中摄像等方法进行直接验证。

3 常规探测、专项探测与工程的建设阶段具有一定的对应性，如常规地下管线及障碍物调查探测一般对应工可研究和初步设计阶段，专项地下管线及障碍物探测一般对应施工图设计或施工阶段，但也不绝对，有时因设计方案稳定的需要，初步设计甚至工可设计阶段就要求开展关键目标的专项探测工作，具体以满足设计的要求为准。

4 根据以往类同项目地下管线及障碍物调查探测经验，地下管线及障碍物常规调查探测阶段的工作量约占市域铁路物探工作总量的 80% 以上，地下管线及障碍物专项调查探测工作量通常不到市域铁路物探工作总量的 20%。尽管专项探测的工作量占比不高，但由于其探测要求更为严格，往往需要采用各种高精度的探测技术。此外,专项探测还需要办理复杂的占道施工手续、进行组织协调、交通组织及钻孔等一系列前期准备工作,导致探测工作的实施周期更长,难度也更大。因此,专项探测的实施成本通常远高于常规探测,其在总费用的占比也相应较高。

5 根据上海地区地下管线探测经验,常规探测的有效深度一般不超过 4 m,埋深超过 4 m 的管线属于深埋管线(包括各类非开挖管线)需要采用信标示踪法、惯性陀螺仪法、井中磁梯度法等非常规、高精度方法进行探测。

6 常规探测与专项探测的应用案例

【案例一】某越江隧道工程,在初步设计阶段的常规物探中,通过调查走访,了解到线路拟穿越一处江边旧厂房区,因建设年代久远,资料已经遗失,无法确定穿越位置是否存在桩基础,只通过走访得到厂房无桩基的信息,但由于建筑产权不明晰,相关探测手续一直无法协调办理,只能暂时搁置。后期由于线路无法避让,发现如果存在深埋桩基,只能拔桩后再进行盾构顶进施工,经参加各方大力协调,得以进场采用井中磁梯度法对厂房基础进行了专项探测,查明盾构断面两处厂房单体存在 28 m 的预制桩,果断制订了拔桩方案,保证了后面盾构的顺利穿越。

【案例二】轨道交通 2 号线东延伸段全长约 28 km,在工可设计阶段开展的常规物探工作,共完成线路沿线约 140 万 m² 管线和 220 处地下障碍物的探查。后期在初步设计、施工图设计和施工前,针对常规物探阶段因场地条件限制或信息获得等因素制约,未能查明或探测精度满足不了项目要求的关键目标,开展了专项探测,共 28 个关键目标,专项探测工作量与常规探测工作量的比例不足 5%,而专项探测费用与常规物探费用的比例超过 15%。

3 基本规定

3.1 地下管线类别名称与代号

3.1.1 本条规定了地下管线按照管线用途进行分类。小类结合上海地区的管线种类,与现行上海市工程建设规范《地下管线探测技术规程》DGJ 08—2097 相协调。

3.1.2 本条规定了地下管线探测工作中"应查明"及"宜查明"的属性项目。

3.2 测量基准

3.2.1 本条规定了地下管线和地下障碍物探测点测量采用的平面系统和高程基准,为地下管线信息共享打下基础。

3.2.2 本条规定了地下管线和地下障碍物标准图的比例尺和图幅分幅要求。比例尺应以能清楚地反映地下管线和地下障碍物分布为原则。

3.3 技术要求

3.3.2 本条规定了地下管线及障碍物调查探测的原则:从已知到未知、从简单到复杂。因此,调查工作必须先行,只有在对收集的资料和现场调查情况进行深入分析的基础上,才能有针对性地开展现场探测工作。

3.3.5 本条明确了需要调查探测的地下障碍物的范围和具体类别,即包括所有可能影响设计、施工的因人工活动形成的地下埋藏物。由于这些地下障碍物可能涉及避让、保护或清障,因此对探测的要求更高,探测的难度也相应增大。

3.3.6 本条强调了地下管线及障碍物探测方法选择的原则。鉴于各种物探方法均可能存在的多解性和不确定性,方法选择应与测区条件、目标属性相匹配,特别要优先选择已经过实践验证、具有明确的探测效果的方法。

3.3.7 本条明确了专项探测应用条件:当常规探测阶段没有完全查明或探测精度无法满足工程要求时,需要启动专项探测对该类目标进行专题研究。

3.3.8 鉴于物探手段的多解性和不确定性,对于重点目标要加强综合探测手段应用,以增加方法间的对比印证,提高成果可靠性,有条件的关键目标,宜采用直接手段加以验证。

3.3.9 随着城市更新速度的加快,地下管线不断增加,地下障碍物也存在变化的可能性,对于市域铁路这种超大型项目,施工周期长,难免施工前管线及障碍物现势情况会与探测成果存在差异,而这种差异可能给项目施工带来风险和隐患,故本条规定了探测成果的更新要求。

3.4 精度要求

3.4.1 本条规定了地下管线探测的精度要求,主要分为地下管线隐蔽管线点的探测精度和明显管线点的调查精度。在实际工作中,对于明显出露的管线,即地面能直接观察到管顶或管底,且使用钢卷尺或量杆直接量测的管线,可以达到±50 mm的精度要求。但由于管线埋设的复杂性,许多明显管线点在地表并不能直接看见出露管线,如通信人孔、热力井等大型窨井,同时井中也没有明显的参照点能从地面一次性实现埋深量测,只能借助辅助工具下到井中,然后量测管线的出露位置。而对于隐蔽管线点的探查,由于管线敷设复杂、管线属性复杂,加之非开挖大埋深的管线存在,使得满足本规范探测精度可能存在困难,但对于埋深 4 m 以内的金属管线,此精度是可以达到的。

3.4.2 地下障碍物探测没有统一的标准方法,精度也难以具体规定,目前轨道交通地下障碍物探测精度常规约定是障碍物平面位置偏差不超过 200 mm,埋深误差不超过 $0.05h$(h 为障碍物实际埋深)。但应注意,对于无法直接验证的地下障碍物而言,仍需根据场地条件目标属性和采用的探测方法综合确定探测精度。

3.4.4 专项探测不一定完全可以把探测精度提升至工程需要,但可以尽最大可能提升成果可靠性,故本条规定专项探测精度不低于委托要求。其实,对于非金属管线及地下障碍物探测成果,定性评价其精度以供业主、设计、施工等单位参考使用仍是行业通行做法。具体如下:

   1 有详细资料,经过直接验证,成果可靠,可放心使用。

   2 有资料,经过直接验证,成果比较可靠,可使用。

   3 有资料,两种以上方法探测有明显的效果,成果一般,可根据目标与工程的位置关系,选择使用。

   4 有信息,无资料,无法探测或探测无效,未经验证,成果不可用。应考虑设计、施工措施,以确保安全。

3.5 调查探测范围

3.5.1,3.5.2 此两条规定了地下管线及障碍物调查探测具体范围。对于地下管线,由于存在迁改的可能性,所以范围一般要大一些,尤其是对于重要管线更是如此;对于地下障碍物,位于结构边线外的目标仅在设计阶段用于避让或保护,除特殊情况外,本规范的范围是可以满足要求的。

3.6 作业流程和质量安全要求

3.6.2 本条规定了地下管线及障碍物调查探测的质量检查和安全保护要求。通常,探测工作时限较紧,外业质量检查宜与外业探测交叉或同步实施。同步实施时,宜采用"一同三不同"原则:即同点位,不同人员、不同仪器设备、不同时段。现场检查时,应查看原始记录,若不符合要求,应查明原因并及时重测。同时,探测工作中不仅要保证作业人员人身安全、仪器设备安全,还要保证地下管线及地下设施运营的安全,探测单位必须做到健全安全保证措施,确保安全生产。

3.6.3 为避免物探目标不明确或探测成果达不到设计要求,本条规定了地下管线及障碍物专项探测必须专项委托或编制专项探测方案经业主批准后实施。

4 技术准备

4.1 一般规定

4.1.2 本条规定了探测准备阶段所需要进行的主要工作内容。现场踏勘是探测工作必不可少的一步,在充分了解现场情况的基础上才能够客观、准确地制订工作方案,开展后续探测工作。资料收集工作是保证"从已知到未知"探测原则落地的关键,必须高度重视,特别是随着管线施工技术的进步,非开挖敷管方式广泛使用,这类管线出土、入土点跨度大,可能远在测区之外,加之管线埋深大,走向不规则,遗漏的可能性大大增加;同时,城市建设的高速发展,使得各类建(构)筑物拆除频繁,遗留的地下基础构成了工程建设的巨大隐患。因此,强调各类资料收集、捕捉任何有价值信息的调查工作尤为重要。

4.1.3 探测方法和仪器的有效性是保证探测成果质量的前提。地下管线和障碍物探测必须对探测仪器的有效性进行验证;不同的探测仪器在同一工程中的探测结果和精度可能会存在差异,为保证探测结果的可靠,所使用的探测仪器必须进行一致性校验。

4.1.5 本条再次强调了关键目标区别于其他目标的探测策略,即对关键目标,强调综合探测方法互相对比、印证。

4.2 地下管线现状调绘

4.2.1 地下管线现状调绘是熟悉和了解测区情况的第一步,通过对测区已有资料的搜集、分析、整理及编绘管线图的过程,探测作业人员可以对测区管线分布情况有一个基本的了解。

4.2.2 本条规定了地下管线探测前应收集的资料内容。探测单位在前期准备阶段应广泛收集各类地下管线资料和测绘资料，并对资料进行分析，根据资料的完整情况提出解决的措施。

4.2.3 城市地下管线现状调绘，是指在开展地下管线探测作业前，根据已有的地下管线竣工资料、普查资料、权属资料等，将已有地下管线标绘在基础（如1∶500或1∶1000)地形图上，作为探测作业的参考，以减少实地探测作业的盲目性，提高野外探测作业的质量和作业效率。同时，也为地下管线探测作业提供了有关地下管线的属性依据。

4.3　地下障碍物调查目标圈定

4.3.1 本条规定了地下障碍物调查目标圈定的依据。为防止已拆除建（构)筑物的信息遗漏，规定了调查目标圈定顺序，尤其要注意历史地形图、航空影像图比对检核，以确保将各个时期存在于测区的所有目标梳理完整。

4.4　现场踏勘

4.4.1，4.4.2 此两条规定了现场踏勘的内容和要求。作业单位在地下管线现状调绘和障碍物目标圈定工作完成后对探测作业区域进行现场踏勘，了解区域内场地条件、环境条件及自然条件，核查地下管线现状调绘资料和圈定的障碍物目标的现势性及可利用程度，并形成记录。此外，根据现场踏勘情况，初步拟定作业区域内可采用的探测方法技术以及方法试验的最佳场地。踏勘范围应适当扩大，根据上海地区管线敷设方式，至少踏勘至测区外第一条河流；在城区，还需注意人防工程的踏勘。

4.5 探测仪器校验

4.5.2 本条规定了探测仪器的校验类型以及同类多台仪器的一致性校验方法和符合性评价。

4.5.3 本条规定了探测仪器稳定性校验方法和符合性评价。

4.5.4 本条对使用最为广泛的地下管线探测仪的一致性校验进行了规定。由于不同仪器在同一地区对同一已知位置的管线进行探测时,其结果可能会有所差异,这对工程质量有很大影响。只有了解了不同仪器误差参数后,再对其进行参数修正,这样的探测结果才是可靠的。

4.5.5 本条规定了不合格探测设备不得在探测工作中使用,分批投入的设备也必须进行一致性和稳定性检验。

4.6 探测方法试验

4.6.1 本条规定了探测方法试验应在探测工作开展之前进行,以保证投入的设备能够有效地开展工作。

4.6.3 由于各种地下管线及障碍物探测仪器方法原理不同,其使用的地球物理前提以及探测对象、目的也不尽相同,因此,需要针对不同的探测对象选择不同的探测仪器和方法,在探测工作开展前进行方法试验,确定所使用方法的有效性。应在工作区域内选择不同的物理场条件及有代表性的区域进行方法试验,通过开挖验证探测结果来评价所使用方法的有效性及精度。

4.7 调查探测方案编制

4.7.1、4.7.2 此两条规定了调查探测方案应包含的主要内容并应经过评审以保证方案的全面性、可行性。

5　地下管线及障碍物调查

5.1　一般规定

5.1.1~5.1.3　此三条规定了地下管线明显点实地调查的基本任务,即在现场确定目标管线在地面上的投影位置及埋深,并按照任务要求查明管线的其他属性。地下管线调查内容的记录作为外业数据的一部分,必须严格按照要求进行。随着调查记录手段的不断改进,现在电子记录逐渐取代纸质记录。因此,本规范考虑到记录手段的变化,增加了电子记录的要求。在地下管线探测工程中,管线的数据获取不可能在调查阶段完全完成。因此,必须借助其他方法和手段,对未能获取的内容可以采用收集资料、开挖等方法完成。

5.1.4　本条规定了地下障碍物调查内容,并强调对于调查中发现与现势不符的目标要及时更正。

5.2　地下管线调查

5.2.1　本条规定了在管线调查阶段明显点[如管线特征点、附属物、建(构)筑物]需要查明的内容,详见表1。

表1　管线特征点、附属物及建(构)筑物调查内容

管线类别	特征点	附属物	建(构)筑物
电力	上(下)杆点、定位点、转折点、变径点、变材点、变坡点、预留口、三通、四通、进出楼(房)点、非开挖管出入点、非普查点、	检查井、暗井、人孔井、手孔、变压器、接线箱、通风孔(井)、电线架、信号杆、监控器、路灯杆、交通信号灯、线杆、上杆、地灯、	变电站(所)、配电室(房)、控制柜(室)、户外开关站、开闭站(所)等

续表1

管线类别	特征点	附属物	建(构)筑物
电力	一般管线点、分支点、电力沟点、出(入)地点、交叉点、偏心点等	景观灯、分线箱(盒)、灯箱、高压塔(杆)、广告牌、路灯控制箱等	
通信	上(下)杆点、定位点、转折点、变径点、变材点、变坡点、预留口、三通、四通、进出楼(房)点、非挖管出入点、非普查点、一般管线点、分支点、通信(广电)沟点、出(入)地点、交叉点、偏心点等	人孔井、手孔井、分线箱、接线箱(盒)、线杆、电话亭、信息亭、检修井、监控摄像头、电信塔(杆)、无线电杆等	变换站、控制室、主机楼、控制室、差转台、发射塔、放大器、交换站、监控室等
给水	盖堵、三通、四通、变径点、变材点、出(入)地点、定位点、弯头、预留口、转折点、交叉点、变坡点、进出(房)点、非开挖管出入点、非普查点、一般管线点、入户点、偏心点等	检修井、闸门井、水表井、消防栓、阀门、闸罐、水源井、进水口、出水口、测压井、测流井、阀门井、水表、消防井、取水井等	取水构筑物、水处理构筑物、泵站、水池、中水处理站、清水池、净化池、沉淀池、水塔等
排水	进水口、出水口、盖堵、定位点、转折点、变径点、变材点、变坡点、预留口、三通、四通、多通、进出楼(房)点、非开挖管出入点、非普查点、一般管线点、偏心点等	检修井、直线井、三通井、四通井、支线井、污水井、雨水井、跌落井、转弯井、扇形井、堵头井、雨水箅、污水箅、暗井、闸门井、水封井、冲洗井、沉泥井、泵井、溢流井、倒虹吸井、隔栅井、排污装置、阀门、渗水井、出气井、通风井等	暗沟地面出口、出口闸、排水泵站、雨水收集池、调蓄池、化粪池、隔油池、沉淀池、污水处理厂、小区污水处理站、净化池等
燃气	牺牲阳极、盖堵、定位点、转折点、变径点、变材点、变坡点、预留口、三通、四通、进出楼(房)点、非开挖管出入点、非普查点、一般管线点、弯头、出(入)地点、绝缘接头、偏心点等	检查井、阀门、阀门井、压力表、凝水缸、放散装置、立管、燃气桩等	调压站(箱)、燃气柜、计量站(箱)、燃气门站、煤气站、涨缩站等

管线类别	特征点	附属物	建(构)筑物
热力	盖堵、定位点、转折点、变径点、变材点、变坡点、预留口、三通、四通、进出楼（房）点、非开挖管出入点、非普查点、一般管线点、弯头、热力沟点、出（入）地点、交叉点、偏心点等	检查井、阀门、阀门井、吹扫井、窨井、排污井、排气井、补偿器井、调压装置、凝水井等	锅炉房、泵站、冷却塔、动力站、换热站等
工业	牺牲阳极、盖堵、定位点、转折点、变径点、变材点、变坡点、预留口、三通、四通、进出楼（房）点、非开挖管出入点、非普查点、一般管线点、弯头、出（入）地点、绝缘接头、偏心点等	吸水井、检查井、阀门、阀门井、压力表、凝水缸、窨井、排污装置、排污井、排气井、凝水井等	锅炉房、动力站、冷却塔等
综合管廊	中心点、堵头、定位点、转折点、变径点、变材点、变坡点、预留口、三通、四通、进出楼（房）点、非开挖管出入点、非普查点、一般管线点、管廊边点、管廊内点、偏心点等	通风口、进风井、排风井、投料口、检查井、积水池、排污井等	监控室、人员出入口、设备吊装口、排水泵房等

5.2.2～5.2.11 规定了不同类别地下管线调查中应重点关注的内容。

5.2.12、5.2.13 地下管线三维信息调查是在二维数据调查的基础上增加的调查内容。此两条规定了管线三维信息获取时宜增加的调查内容。

5.3 地下障碍物调查

5.3.1 本条规定了地下障碍物调查资料的主要来源。

5.3.2 对于可能影响线位可行性或稳定性的关键地下障碍物目标,业主可能需要提前知道明确的探测结果来评估后续处置措施。因此,可根据工程需要提前启动验证性探测或专项探测工作。

5.3.3 本条明确了各类典型地下障碍物资料调查和探测阶段所需查明的要素。应特别注意桩基础和围护结构空间分布数据。对于桩基础,要注意因地质条件软弱而变更的桩基方案;对于围护结构,由于基坑围护设计与主体基础和结构设计单位往往不同,而且围护结构作为临时设施,一般不要求强制汇缴资料存档,因此档案往往难以收集,常需经过参建单位走访才能逐步查明。不明障碍物主要指一些施工临时措施、水文试验降水管井等,其隐蔽性强、规律性差,是调查工作的难点。

5.3.4 障碍物调查一般根据设计阶段分阶段开展,先粗后细。

5.3.5 调查成果可以供设计使用,并且为后续验证性探测或专项探测提供依据。

5.3.6 对于关键地下障碍物,必须经过实际探测或验证,以确保其信息的准确性。

6 地下管线及障碍物探测

6.1 一般规定

6.1.1 本条规定了地下管线及障碍物探测工作必须在调查的基础上采用地球物理手段进行,以查明其空间分布。

6.1.2 本条规定了地球物理探测所需条件:异常足够明显且能够识别。

6.1.5 本条规定了地下管线及障碍物探测点的设置原则。

6.1.6 本条规定了为满足测量工作需求,需要为探测点赋号及设置地面标志。对于地面标志不便设置或难以保留的情况,应绘制探测点点位示意图。

6.1.7 本条规定了专项探测应用条件,即在常规手段无法查明目标空间分布或探测精度难以满足设计要求时,通过开展专项探测结合直接验证加以解决。

6.1.8 本条规定了地下管线及障碍物探测原始记录及更改要求。

6.1.9 本条规定了对新购置、经过大修或长期停用后重新启用的仪器在使用前应通过检定,并在探测前实施校验。对有强制检定要求的仪器,必须经过专业机构检定。

6.2 地下管线探测

6.2.1 有较高抗阻的金属管道探测,宜选用高频电磁感应法的直接法、感应法;具备铁磁性的管道且干扰较小时,可选择磁法。

6.2.4 探地雷达探测方法,是通过安置在地表的发射天线向地下发射高频宽频短脉冲电磁波,电磁波在地下介质传播过程中遇到与周围介质电性不同的管线界面时产生反射并被接收天线记录下来,显示在屏幕上形成一道雷达记录。当天线沿测线方向逐点移动探测时,各道记录按测点顺序排列在一起,形成一张探测雷达图像,通过分析雷达剖面图像中各反射波强度、波形特征及到达时间,可推断地下管线的分布状况。该方法探测精度高,不受管线材质限制。该方法主要用于对非金属管线(混凝土管、UPVC 管)的探测,另外还用于解决复杂地段的管线探测和对疑难点进行确认。

6.2.10 本条推荐机械法,即机械开挖或样洞的方法,主要用于验证其他方法的探测精度。其中,开挖调查是最原始且效率最低的方法,但却是最准确的方法。在管线复杂、探测条件不佳,无法查明管线敷设状况时,为验证物探探测精度,应对有条件的点进行开挖,揭露管线,并直接测量其平面位置和埋深。

6.2.12 本条推荐了用电磁感应类管线仪定位、定深的方法。

1 极大值法

在管线正上方,地下管线形成的二次场水平分量值最大,即在管线的地面投影位置上出现极大值,用管线仪的垂直线圈接收会得到最大的峰值响应,可据此峰值点位置确定管线的平面投影位置。

2 极小值法

在管线正上方,管线所形成的二次场垂直分量最小,即二次场的垂直分量在管线的地面投影位置上会出现零值点,用管线仪的水平线圈接收此垂直分量会得到极小值响应。可利用该极小值位置来确定管线的平面位置。

3 正反向读数法

用管线仪探测时,一般是沿管线走向连续追踪,直线管线在不大于本规范要求长度处定点。正反向读数,以极大值法确定平面位置。如果正反向极大值偏差大于 30 mm,则重复探测;若小于 30 mm,则取其平均值确定平面位置。如果在多通点处,则用交汇法定位,在管线转折处需做加密处理以保证管线的走向正确。管块定位时应根据夹取的电缆的位置修正到管块的几何中心。

测定位置后,采用以下几种方法定深:

（1）在管线的地面投影点上,正反向两次测定,如果两次测定差值大于 30 mm,则重复观测;若小于 30 mm,则取其平均值确定深度。根据方法试验,测深一般采用 70%法或特征点法（直读法参考）。对于多通点、转折点,要在离开此类特征点一定距离的各个方向上分别探测,以准确定位、定深,把握管线的空间属性。在外业施工中,要注意的是用夹钳探测集束电缆时其水平和深度的修正数与夹取的电缆的位置有密切关系,一般夹取管块两边最上方的电缆分别探测,然后依据两边探测的数据确定管块的埋深。

（2）直读法:有些管线仪设计了上、下两个或多个线圈测量电磁场的梯度,而电磁场梯度与管线埋深有关,故可以利用这种关系通过软件计算后在接收机上直接读出地下管线的埋深。该方法比较简便,且在简单条件下有较高的精度。但由于管线周围介质的电性不同,可能影响直读埋深的数据精度,因此应在不同地段、不同已知管线上方通过探测方法试验,确定定深修正系数,进行深度校正,以提高定深的精确度。

（3）特征点法:沿垂直管线走向剖面测得管线异常曲线,利用该曲线峰值两侧某一百分比值处两点之间的距离与管线埋深之间的关系,来确定地下管线的埋深。

除了上述定深方法外,还有许多其他方法。方法的选用可根据仪器类型及方法试验结果确定。不论采用何种方法,均应满足相关精度要求。

6.2.13 外业手图的编绘应遵循下列原则:

1 各管线点号应做到实地、手图、探测记录、测量手簿四统一,管线点号必须是唯一的。

2 各管线之间的相对位置必须正确、清楚。

3 管线的连接关系必须正确、清楚，管线密集地段或连接关系复杂的地段应在图边或图面允许的地方画出放大示意图。

4 管线及其附属设施必须严格按规定的图例、符号及颜色执行。

5 各项调查内容必须标注清楚、正确、完全。

6 严格做好跨图幅连接工作，对相邻图幅同一种属性管线，其规格、材质、颜色等内容必须一致，对存在的问题要及时调查修正。

6.3 地下障碍物探测

6.3.2 本条对障碍物探测方法试验作了规定。探测方案应适应现场。方法试验可以作为正式成果和工作量。方法试验选择的目标体有可靠的参考，才可以检验方法的有效性。

6.3.3 本条规定了障碍物探测测线布置的原则。测线布置应能覆盖工程方案范围和目标体，测线应适用、经济、有效，对于复杂和异常区域根据实际情况可以适当加密，以确保成果可靠。

6.3.4 本条推荐陆域地下障碍物探测采用瞬态瑞雷面波法、探地雷达法、地震反射波法、高密度电阻率法、井中磁法、井间层析成像法等方法；水域地下障碍物探测推荐采用水域地震法、声呐法、浅地层剖面法、水域磁测法、水域高密度电阻率法、浅地层剖面法等方法。此外，对每种方法探测目标体的适用范围作了阐述。

6.3.11 本条对资料处理和解释作了规定。资料解释应结合多种方法成果和信息综合解释，并明确了资料解释应按照先易后难、点面结合、定性到定量的原则进行。

6.4 质量检查

6.4.1～6.4.5 应加强管线探测事前、事中、事后全过程质量管理,重点监控管线探测中的技术方法、关键节点和薄弱环节,严格执行探测成果质量"两级检查"制度,严格执行国家、地方技术规程和质量检查规范,并通过权属单位审核确认,确保探测成果质量合格率达到100%,探测成果质量优良品达85%以上。同时,对于各类专题地下市政管线及基础设施分布图的制作,完成后需按管线类别提交各权属(管理)单位,由权属(管理)单位对探测成果进行审核。权属(管理)单位应重点检查探测成果中是否有遗漏未探测的地下管线,以及地下管线的走向和连接方向是否存在错误等概略问题。探测单位则应对存在的各类问题进行梳理和整改。

6.4.6,6.4.7 此两条规定了地下障碍物探测质量检查的方法。由于探测方法众多,检查方法也存在差异,故推荐按现行上海市工程建设规范《工程物探技术标准》DG/TJ 08—2271 执行。

7 地下管线及障碍物专项探测

7.1 一般规定

7.1.1 本条规定了地下管线及障碍物专项探测的工作基础。通过选用综合探测方法不但可以进一步提高探测精度,而且能解决由于常规探测手段所限未能探明或需要投入大量工作才能探明的疑难问题。对于深埋的非开挖管线探测,当地表环境干扰较大、运营中的管线或工作场地条件限制使得信标示踪法或惯性陀螺仪法未能探测管线时,可待施工封路后采用井中磁法或触探法对深埋的铁磁性管线进行精探。另外,各种探测方法均有其适用条件及局限性,采用单一方法易出现有效信号弱或受干扰而导致探测结果偏差大,采用多种探测方法综合探测可提高探测结果的精度及可信度。例如超高压电力非开挖管线探测,上海地区要求对 100% 的管孔进行探测。如果所有管孔均未穿线缆,可以采用惯性陀螺仪法探测;当部分管孔已穿线缆时,需要采用信标示踪法和惯性陀螺仪探测;当所有管孔均已穿线缆且有较大干扰时,可采用信标示踪法、井中磁法、跨孔 CT 法及钻孔摄像法等综合探测。

7.1.3 本条规定了专项探测的内容及范围应由业主、设计、施工单位根据常规探测的成果和工程需求提出,经业主确认便于后续工作协调及费用计量。

7.1.4 本条推荐地下管线专项探测宜选用惯性陀螺仪法、井中磁法、信标示踪法等精度高且成熟的探测方法。当由于环境干扰、场地条件、方法本身的局限性等无法确定目标管线的空间位置或精度达不到工程需求时,可采用开挖、钻探、触探或孔内摄像等方法进行验证。地下障碍物专项探测宜选用井中磁法、单孔透射波法、井间层析成像法等精度高且成熟的探测方法。当由于环境干扰、场地条件、方法本身的局限性等无法确定目标体的位置、属性或精度达不到工程需求时,可采用开挖、钻探、触探或孔内摄像等方法进行验证。

7.1.5 本条规定专项探测应优先选用性能、技术指标高的仪器设备;根据探测精度要求加密测线测点,适当增加数据采集时间、频率及迭代次数,并尽量利用已知资料进行约束反演、综合解释,以提升探测结果的准确性。

7.1.6 本条规定了开展专项探测应具备实施物探工作的场地条件及环境条件。现场探测的场地应较平坦,能够较顺利地布置物探测线或测孔;周边环境干扰不会对物探数据采集、分析造成明显影响。开展开挖、钻探、触探等工作前,应详细收集的地下管线及地下设施资料,采取避让或水冲成孔等有效措施,避免发生安全事故。

7.2 地下管线专项探测

7.2.1 本条对地下管线专项探测精度的确定作了规定。

地下管线专项探测精度通常优于常规探测,因为常规探测阶段,设计方案、施工范围未稳定,加上探测工期、场地条件及探测费用等多因素影响,导致常规探测时不具备或不允许进行井中磁梯度法探测、惯性陀螺仪法探测。实际上,常用的专项探测手段如井中磁梯度法,探测含铁磁性材质的金属管道、钢筋混凝土管道时,测点间距为 0.1 m,探测成果精度一般可以控制在 0.5 m 以内,且探测精度不受深度的影响;采用惯性陀螺仪法探测非金属管道,管线长度 400 m 时,探测的 XY 方向弥散量为 1.0 m,Z 方向弥散量为 0.4 m。因此,应结合工程建设进展和实际要求,综合考虑探测方法、场地条件、工程需求及相关管理单位要求等因素来约定专项探测的精度。

7.2.2 本条规定了地下管线专项探测方法技术宜选用高精度探测方法或选用不少于 2 种探测方法进行综合对比探测。由于物探方法为间接探测手段,单一方法探测结果难免会存在一定的误差和多解性,且每种方法具有不同的适用条件和优势,因此条件具备时,应采用 2 种或 2 种以上的探测方法相互验证,以进一步提高探测结果的精度。

7.2.3 本条规定了深埋金属管道的探测方法及要求。

1 大功率充电法探测需要将发射导线直接连接在管线或阴极保护桩上,给管线施加一定频率的信号,在地表追踪管线的位置及埋深,探测深度一般小于实际深度,不宜作为精探成果,可为井中磁法布设孔位、确定孔深提供依据。

2 对井中磁法探测的断面数、每个断面布孔数、探测点距进行了规定,以便提高探测管线的平面位置精度及埋深精度。

3 对井中磁法探测钻(冲)孔的垂直度进行了规定。由于钻(冲)孔的垂直度对确定探测管线平面位置影响较大,当孔的垂直度偏差为 0.5% 时,对于埋深 20 m 的管道,会产生 100 mm 的水平偏差,这个偏差量级对一般工程均能满足要求。

4 上海地区地磁场的磁倾角约在 46°36′ 至 47°36′ 之间,磁偏角约在 -6°20′ 至 -6°26′ 之间,地下管道可视为无限长水平圆柱体,其在地面引起的磁场垂直分量、水平分量的表达式分别为

$$Z_a = \frac{2M_s}{(x^2+h^2)^2}\left[(h^2-x^2)\sin i_s - 2hx\cos i_s\right] \quad (1)$$

$$H_a = -\frac{2M_s}{(x^2+h^2)^2}\left[(h^2-x^2)\cos i_s + 2hx\sin i_s\right] \quad (2)$$

磁场垂直分量、水平分量与有效磁矩 M_s、有效磁化倾角 i_s、中心埋深 h 及水平位置 x 有关。当 $i_s = 90°$ 时,磁场垂直分量最大值对应管道中心位置。由于上海地区受斜磁化影响,使得磁场

垂直分量最大值偏离管道的中心位置,需要将其作化极处理,可以提高探测管道水平位置、埋深的解释精度。

5 井中磁法钻(冲)孔的垂直度对探测管道平面位置的影响远大于对埋深的影响。一般情况下,钻(冲)孔的垂直度偏差在0.5%以内,能够满足规范规定的探测精度。但对于工程要求探测的平面精度远高于本规范规定精度的测孔或场地条件复杂无法控制钻(冲)孔垂直度的测孔,成孔后应下测斜管进行管形测量,对探测结果进行校核,可以提高探测结果的精度。

6 瞬变电磁法数据采集准备工作应符合下列规定:

1)根据探测深度选取发射频率。

2)发射线框的边长 L 应根据探测深度和观测信号强度来确定,其与发射电流(I)、探测深度(H)存在一定的关系,可按下列公式计算:

$$H = 0.55\left(\frac{ML^2 I\rho_1}{\eta}\right)^{1/5} \tag{3}$$

$$\eta = R_m N \tag{4}$$

式中:H——探测深度(m);

M——回线装置匝数;

L——发射回线边长(m);

I——发射电流(A);

ρ_1——上覆地层电阻率(Ω·m);

η——最小可分辨电平(V);

R_m——最低限度的信噪比;

N——噪声电平(V)。

7.2.4 本条规定了通信类非开挖管线探测方法及要求。

1 采用信标示踪法探测前,应在现场进行 3 m 距离单点标定。标定完成后应进行距离检核,其检核距离应大于拟探测管线的埋深。这主要是由于信标示踪法探测随探测管线埋深增大,探测误差呈非线性增加,当探测管线埋深较大时,探测误差可能不满足规范的限差要求,通过事前检核可以判定探测结果的可靠性;若探测后发现探测前检核距离小于拟探测管线的埋深,应在探测后进行一次标定、检核,其检核距离应大于已探测管线的埋深。

2 探测前,应对现场干扰源进行场地干扰试验。当干扰信号强度达 150 dB 时,应加大探测传感器的发射功率或采取有效压制干扰的措施,否则探测结果无效。为了减小环境干扰对探测结果的影响,规定地下管线专项探测时,周边干扰信号强度应小于 120 dB。

3 本款对每一束非开挖管线探测孔位置进行了规定。通过分散选取孔位探测,可以较好地拟合多孔管线空间位置、减少多次拖拉施工管线的漏探,提高探测结果的准确性。

4 本款规定了信标示踪法探测点距不应大于 5 m。采用较小的探测点距目的是能反映地下非开挖管线实际轨迹,即不漏管线特征点;顶管、盾构项目中轴线位置应适当加密探测点,点距可取 1 m～2 m,通过加密探测能更精细地反映地下非开挖管线的埋深变化情况。

5 当场地干扰信号较强无法定位或埋深较大定位精度不满足要求时,可选用微型惯性陀螺仪法、分离式电磁法、井中磁测法或水冲触探加孔内摄像法等高精度方法中的一种或多种方法综合探测。

7.2.5 本条规定了电力非开挖管线探测方法及要求。

1 当电力非开挖管线敷设的孔数较多时,可能会采用多次拖拉施工技术进行敷设。早期施工设备的拖拉能力有限,一般每束拖拉不超过 7 孔 ϕ200 管线。随着设备拖拉能力的提升,目前 21 孔 ϕ200 的电力非开挖管线可以一次拖拉施工。因此,首先采用信标示踪法对所有孔管逐一探测以确定管线分束情况,然后根据工程需求对每束管线至少精探 1 孔,可以避免漏探。

2 由于惯性陀螺仪法是目前管线探测精度最高的方法,因此优先选择该方法进行探测。随着探测孔数的增加,可以提高探测结果的可靠性。探测孔数应满足探测精度需要,同时还应满足管线权属单位要求。一些地区要求对高压、超高压电力非开挖管线进行100%管孔探测,拟合所有管孔的外包络线作为管线的边界,可以提高探测结果的精度,避免漏探造成事故。

7.2.6 本条规定了深埋管线探测可选用分离式电磁法。该方法是通过直连法或夹钳法在目标管道上施加电磁信号,通过分析孔内探测棒接收的电磁场信号强弱,从而达到精确探测的目的。

7.2.7 本条规定了浅埋金属管线探测方法及要求。电磁感应法探测浅埋金属管线采用极大值法和极小值法同时定位,一般可以提高地下管线探测平面位置的准确性,故应严格、规范操作仪器;定深时,接收机应在一次场影响外侧,收发距应根据现场试验确定,推荐最佳收发距为 15 m~25 m。

7.2.8 本条规定了玻璃钢夹砂管、PE 管等特殊材质的非开口管道探测方法及要求。由于城市地下管线探测的场地条件及环境干扰往往比较复杂,物探方法本身又具有局限性,因此本条推荐的探测方法不一定能够解决所有问题,应在现场试验的基础上,确定选用方法的适应性和有效性。对管线尺寸较小且无孔可穿入传感器的非金属材质管道,可选用主动声源法探测;也可在相关权属单位同意的情况下,切割管道后采用惯性陀螺仪法、信标示踪法探测。

采用主动声源法探测 PE 燃气管道应符合下列要求:

1）当接口尺寸不对应时,严禁强行安装使用,防止打开放散开关压力过大而造成接口脱落,可现场卸下接口盖子进行加工新的接头。

2）声波振动信号沿管道传播,往往在三通、弯头的位置聚集,导致地表信号范围大,无法准确测出特征点位置,需要从远到近进行测量,最终信号直线交汇处即管道特征点位置。

    3）地下不均匀的介质，导致介质声波传导能力、声波衰减大小不同，在管道附近可能形成异常突变点干扰，应通过多次测量以减小探测误差。

    4）可以调节频率，避免周围噪声干扰，也可在夜间周围噪声干扰小时探测。

7.2.9 本条规定了大型原水、排水箱涵及其他大口径的管道的探测方法。由于物探方法本身的局限性、多解性，探测时宜选用 2 种或 2 种以上方法进行综合探测；条件具备时，宜对探测成果采用开挖、触探、钻探等方法进行验证。

7.2.10 本条规定了共同沟、综合管廊、雨污水管涵等的测量方法及探测方法。当其尺寸较大且技术人员可以进入时，采用全站仪直接测量平面位置及高程，成果最为可靠；若无法实现仪器的直接测量，但穿防护服的人员或机器人可进入并将传感器带到指定位置，那么可以通过地面追踪探测的方式来完成测量任务。

7.3 地下障碍物专项探测

7.3.1 本条规定了地下障碍物专项探测的探测精度确定原则。探测精度的确定应考虑建设工程的需求、物探方法本身的探测能力及环境条件等因素。由于物探方法本身的局限性，对于埋深较大、尺寸较小的地下障碍物，目前物探方法难以分辨，因此物探探测精度应由业主、设计会同物探单位确定。

7.3.2 本条规定了地下障碍物专项探测宜根据探测目标体的特点、现场及环境条件选用不少于 2 种物探方法进行综合对比探测。由于每种方法具有不同的适用条件，物探方法本身又具有多解性，采用 2 种或 2 种以上的探测方法可以相互补充、互相验证，通过对比分析可以进一步提高探测结果的精度。

7.3.3 本条规定了既有建（构）筑物下部桩基础的探测方法及要

求。探测方法选择、测试孔位置及数量会受场地条件的限制,可选用单孔透射波法。测试孔布设前应对既有建(构)筑物的承重结构的受力情况进行分析,推断其下部桩基础分布位置;应在待测桩基础附近布设钻孔,钻孔距基础外侧边缘不宜大于 2 m 处。当场地条件允许布设多个测试孔时,也可选用井间层析成像法探测。

7.3.4 本条规定了场地空旷的埋深较浅地下障碍物探测方法及要求。测网布设密度应小于目标体 1/2,探测目标体异常上的测点数不少于 3 个,才能对目标体的异常作出正确的解释;若测网密度较大,目标体上的探测异常测点数较少,可能会造成漏探。测线布设应大于探测目标体在地面的投影范围,能够采集到平稳的正常场,便于对比分析。

7.3.5 本条规定了埋深较大的地下障碍物探测方法及要求。由于预制桩的配筋率较低,引起的磁异常相对较小,因此测试孔与桩净距越近越好,测距不超过 0.5 m 可获得较明显的磁异常;当测距较大时,钢筋笼引起的磁异常宽且平缓,难以准确确定底部埋深。在工程中,受压灌注桩大多数不是通长配筋,而井中磁法仅能探测到桩身中的钢筋长度,如仅采用井中磁法探测会出现探测桩长小于实际桩长的情况。因此,为了提高探测成果的可靠性,可采用井间层析成像法或单孔透射波法进行综合对比探测。

8 探测点测量

8.3 质量检查

8.3.1 本条规定了探测点测量成果质量检查和复测的具体要求。探测测量点成果在测区内应均匀分布、随机抽取，抽查数量应不小于总探测测量点数的 5%，这是确保探测点测量成果质量的重要手段和方法。此外，还给出了测量点大于等于 20 个和小于 20 个的平面位置测量中误差、高程测量中误差的计算公式。

9 资料整理与报告编制

9.1 一般规定

9.1.1~9.1.3 规定了参照本规范执行的工程项目成果验收的形式和基本依据。为实现工程预期目标,在任务书、合同书、技术设计书中作出的具体规定,应同时作为验收依据。

9.2 数据处理与数据库建立

9.2.1~9.2.3 规定了管线分类编码、字段及格式的要求。不同管线内容应放置于不同的图层,综合管廊宜单独设立图层,廊内管线按不同管线所在图层分别体现。因具体市域铁路项目要求不同,一般以委托方所制定的数据规则为准。

9.3 地下管线三维建模

9.3.1~9.3.5 规定了地下管线、地下障碍物模型制作的基本要求。为保障模型完整性和发挥工程建设实际用途,可根据项目自身需求选择合适的模型细节层次。但模型细节不应低于以下要求:

　　1 能反映模型的真实尺寸、主次关系及连接关系。

　　2 模型内特征点应与采集的数据一致。

　　3 能准确地表达模型的平面位置、走向、空间关系。

　　4 附属设施外观能直观地反映其功能及其与主体设施的关系。

9.4 调查探测成果图及成果表编绘

9.4.1 规定了编制地下管线成果图及地下障碍物成果图的基本要求。

9.4.2,9.4.3 规定了地下管线成果图应包含的基本内容及整饰要求。

9.4.4~9.4.6 规定了地下障碍物成果图应包含的基本内容及整饰要求。

9.4.8 规定了遗留问题内容的编绘方法。

9.5 报告编制

9.5.1~9.5.4 规定了地下管线调查探测成果报告和地下障碍物调查探测成果报告应包含的基本内容及报告编制的基本要求。

9.6 成果提交与验收

9.6.2~9.6.4 规定了验收报告的基本内容。验收组应编写验收报告书,报告书应就验收项目的成果精度、合格率、存在的问题、资料完整性和成果质量进行综合评定,并作出评价。